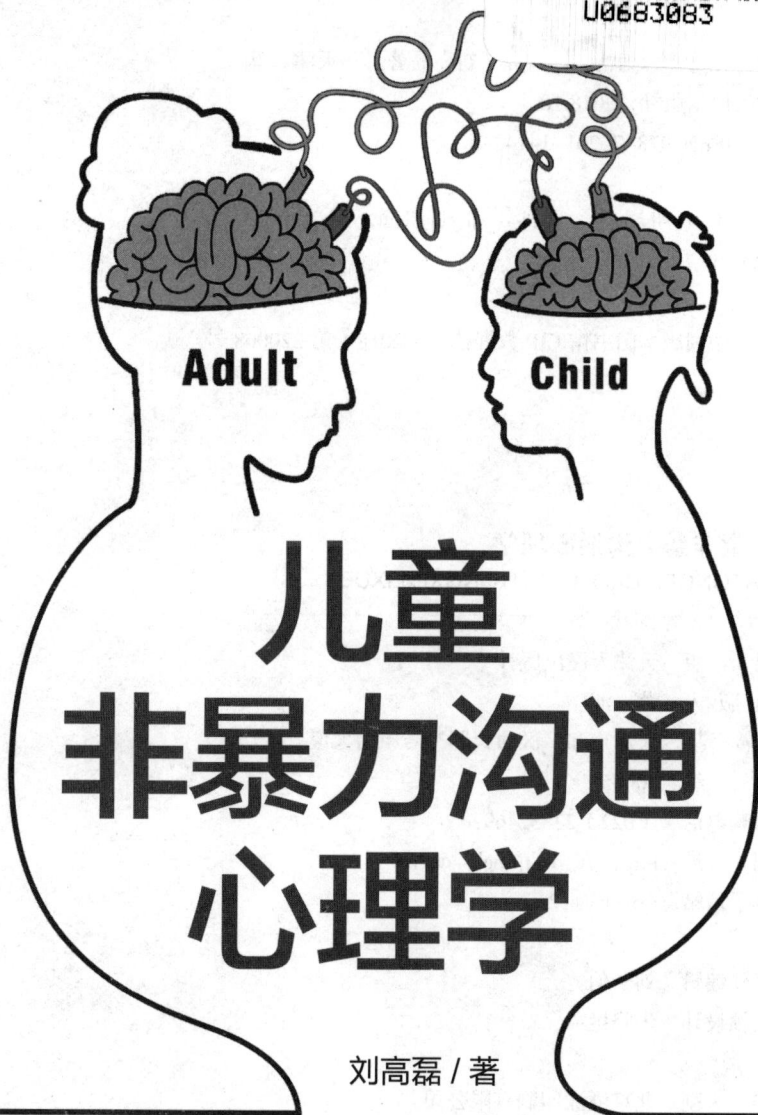

Adult　　　Child

儿童
非暴力沟通
心理学

刘高磊 / 著

天津出版传媒集团

天津人民出版社

图书在版编目（CIP）数据

儿童非暴力沟通心理学/刘高磊著．—天津：天
津人民出版社，2018.10
ISBN 978-7-201-14143-5

Ⅰ.①儿… Ⅱ.①刘… Ⅲ.①儿童心理学 Ⅳ.
① B844.1

中国版本图书馆 CIP 数据核字（2018）第 220068 号

儿童非暴力沟通心理学
ERTONGFEIBAOLI GOUTONGXINLIXUE

出　　版　天津人民出版社
出 版 人　黄　沛
地　　址　天津市和平区西康路35号康岳大厦
邮　　编　300051
邮购电话　（022）23332469
网　　址　http://www.tjrmcbs.com
电子信箱　tjrmcbs@126.com

责任编辑　刘子伯
装帧设计　朱晓艳

印　　刷　北京溢漾印刷有限公司
经　　销　新华书店
开　　本　710×1000毫米　1/16
印　　张　16
字　　数　221千字
版次印次　2018年10月第1版　2018年10月第1次印刷
定　　价　39.80元

前 言
Preface

读懂孩子的心，才能给他最好的爱。

孩子越大越难教，而且问题也越来越多，这是所有家长都非常头疼的问题。这究竟是为什么？

其实，不是孩子越长大问题越多，而是父母大多只关注了孩子的行为表象，却忽视了孩子的内心想法，我们自以为是地认为这只是孩子的"不懂事"，终于导致无法沟通或沟而不通的教育败局。

行动上的抗衡来源于心理上的对峙。孩子的行为背后都隐藏着他们的"小心思"，不是他们不懂你的苦口婆心，而是你不懂他们的心理需要。

我们必须清醒地认识到：子女教育实际上是一门"动心"的功课，如果你不把工作做到孩子心里去，教育效果只会显得苍白无力。父母不要总是自以为是，完全以自己的意志为标准去教育孩子，甚至不去和他们讲道理。这不是教育，是驾驭。这样的教养方式，不能促成亲子间的有效沟通，也不能对孩子生理、心理的健康发育进行正确有效的辅导和帮助，往往会导致孩子出现成长障碍和心理发育不完善等问题，这对孩子人生的影响何其严重！

好的父母，不是把孩子教育成自己和别人眼中"好孩子"的样子，而

是引导孩子成为你和他自己都欣赏的样子，这需要我们能够倾听孩子的心声，读懂孩子的悲喜，理解孩子的无助，接受孩子的脆弱……像朋友那样，陪伴孩子成长。

所以，当孩子让你头疼时，当你不知如何对待孩子那些问题行为时，当你不知道如何正确引导青春期的孩子时，你应该了解一下孩子的心理。父母只有了解孩子的心理特点，采用孩子愿意接受的沟通方式，孩子才愿意接受你的观点。父母只有真正走进孩子的心里，才能在应对孩子的问题时游刃有余，孩子才能真正健康地成长。

为了给广大家长提供科学、合理的指导，也为了我们的孩子都能够实现真正的快乐成长，笔者结合多年的亲子教育实践，精心撰写了《儿童非暴力沟通心理学》一书。

本书从孩子最基本的心理活动入手，用实例再现情景，因而极具普遍性和实用性。每一位父母都能够从中看到自己孩子的影子，进而掌握孩子每时每刻的想法，找到孩子诸多行为背后的"心灵秘钥"，打开通往亲子沟通这片"森林"的秘密通道。走进孩子的内心世界，成为孩子成长路上的心灵伙伴。

目 录
Contents

CHAPTER / 01

沟通的秘密：正确的亲子沟通，从读懂孩子开始

孩子在成长过程中，每一。个阶段都会出现不同的问题，而每一个问题都与其心理、成长特点有关。我们的教育应从孩子的角度出发，关注孩子的内心世界，理解孩子行为背后的真正原因，对不同情况的孩子，采取不同沟通方式，这样才能建立适合孩子的教育方式。

CHAPTER / 02

伤害式沟通：孩子的问题，多源于父母的心理暴力

　　孩子不可能没有缺点，也一定会犯错误，而有些家长往往过分关注孩子的瑕疵，动辄辱骂和讽刺，对孩子缺乏起码的尊重。以这种方式对待孩子的结果是：年龄小的会害怕、畏缩，年龄大的会心生反感、敌意，既达不到教育的效果，又造成了亲子间的疏离。

CHAPTER / 03

平等式沟通：爸妈蹲下说话，孩子才愿意听话

　　时至今日，有些家长依然抱着那种"是我的孩子就得听我的话"的陈腐观念，一味要求孩子顺从。这种模式教育出来的孩子，往往自卑感强，缺乏自尊、自信等宝贵个性。好的教育，应该与孩子建立平等的沟通平台，尊重他们的想法，感受他们的心情。

CHAPTER / 04

和解式沟通：叛逆不是孩子的错，别打别骂别动气

每个家长自己都经历过叛逆期，但很多人却不能冷静对待孩子的叛逆。他们什么都想干涉，结果引来孩子强烈的不满；他们采用高压手段，结果导致孩子更大的反抗。显而易见，教育反抗期的孩子，简单、粗暴的处理方式是绝对行不通的。

CHAPTER / 05

纠正式沟通：了解孩子心理特征，破解孩子的怪异行为

孩子的一些不良行为通常属于心理问题，所以不要轻易地将其定性为"恶劣品质"，而是需要从心理层面去关注和调适，要找找原因，与孩子做一些温和的沟通。我们应该做的，是观察、保护和引导，而不是暴力制止。

CHAPTER / 06

抚慰式沟通：疏通孩子心理烦恼，提升孩子情绪自愈力

儿童的成长是一个前进而又曲折的过程，期间会伴随不同的年龄段而出现生理和心理的压抑和释放特征。当外来压力较大，或环境不适合身心需要时，孩子就会出现成长的烦恼。重视孩子成长中的烦恼，给予充分的理解和沟通，是保证孩子健康成长的前提。

CHAPTER / 07
治愈式沟通：关注孩子心理阴影，带领孩子远离心理疾病

健康心理是孩子人格完善的必要条件，是孩子的精神发展的内在基础。心理有问题，孩子的发展就会受到限制，成年以后就有可能出现人格障碍或心理疾患，不能适应社会生存的要求。关注孩子的心理健康，进行良好的心理干预，是家长必须要学会的功课。

CHAPTER / 08

激励式沟通：点亮孩子的心理烛光，让孩子的热情燃烧起来

一次次激励，如同在孩子成长道路上的一个个加油站，会让孩子主动进步。父母一句句温暖的激励，会使孩子努力去征服一座座高山。

CHAPTER / 09

导向式沟通：洞察孩子的厌学心理，引导孩子快乐地学习

学习兴趣不是天生的，主要在于父母的引导。事实上，厌学心理在孩子中间非常普遍，对于这种现象，家长不必过于惊慌，要用平常心和孩子沟通，了解孩子出现厌学心理的原因是什么，然后再进一步采取措施，协助孩子成长，最终达到学有所成的目的。

CHAPTER / 10

教授式沟通：解决社交心理障碍，不让孩子成为社交孤岛

如果你希望孩子幸福又成功，仅仅帮助他在学业上有所成绩远远不够，你还要帮他处理人际关系。作为成年人，我们的幸福指数取决于我们与周围人的相处状况。作为父母，我们有责任帮助孩子驱除社交心理障碍，让孩子掌握相应的社交技能，享受和谐相处的快乐。

沟通的秘密：
正确的亲子沟通，从读懂孩子开始

孩子在成长过程中，每一。个阶段都会出现不同的问题，而每一个问题都与其心理、成长特点有关。我们的教育应从孩子的角度出发，关注孩子的内心世界，理解孩子行为背后的真正原因，对不同情况的孩子，采取不同沟通方式，这样才能建立适合孩子的教育方式。

教育，要遵循儿童个性发展规律

　　孩子和孩子之间是不同的，有的孩子天性好静，有的则天性好动，我们绝不可以拿相同的模式去约束他们。作为家长，我们必须要认识到他们目前的个性特征，这样才能有针对性地解决教育问题。

　　彤彤是小学4年级的学生，他的父母一直从事家电零售行业，这些年来他们辛辛苦苦地工作，攒钱在城市中的高档住宅小区买了一套复式楼房，一家人高高兴兴地搬进新居。

　　彤彤的妈妈发现，在这里进进出出的人，无论年纪大小，都斯文有礼、气质高雅，就连那些十多岁的小孩，也都穿着得体，男孩文质彬彬，女孩温柔恬静，像小绅士和小公主似的。回头一想，自己的女儿彤彤却活泼好动，一天到晚像个野小子，这会不会招人笑话呢？

　　回到家里，妈妈就和彤彤约法三章：第一，以后走路脚步要轻，不要蹦蹦跳跳，不要东张西望；第二，说话要文静，有什么想法，要轻声细语地说出来，高兴时也不要大叫大嚷，张着大嘴傻笑；第三，以后星期天不要去体育馆学游泳了，改在家里找教师练钢琴。妈妈告诉彤彤，你已经是大姑娘了，要学做淑女，并且答应她，做得好了，妈妈暑假里将带她去香港玩一圈儿。

　　刚开始时，彤彤还有些新鲜劲儿，几天过后就受不了了，可每当她要舒展一下身子的时候，就会碰到妈妈严厉的目光。于是，彤彤蔫了，不得不按照妈妈的要求去做，内心里却觉得这种"淑女的样子"讨厌透顶，就是家里这套漂亮的大房子，也不如以前的旧楼可爱。一段时间下来，彤彤的精神和胃口都不如以前好，连学习成绩也下降了。妈妈这才真正着急起来，她也很疑惑：难道我对女儿的教育方法有什么不妥吗？的确是的，幼儿教育必须以尊重孩子的个体差异为前提，不同的孩子有不同的性格和特点，所以教育方法也必须因人而异。用强制的手段，硬生生要让一个性格外向、精力充沛的女孩子变成一个安静的小淑女，这并不是一个好的办法。

很多家长常把"好孩子"和老实、听话、稳重、文静联系在一起，但每个孩子的个性是与生俱来的，家长没有必要刻意去改变。关键是要培养孩子善良、宽容、大气的好品格，这才是真正的"好孩子"。

可能很多家长还没意识到，有时候"好孩子"只是我们自己的要求，而不是孩子本身的意愿，那些严格的条条框框，会让他们觉得压抑、委屈和不甘心，长此以往，就可能激起他们的逆反心理，与父母对着干，定要做出些出格事儿来给父母看看。

在教育方面，父母要遵循孩子正常的成长规律，不要过早地把他拉入成人的世界里。大人眼中的"随便"，可能正是孩子天性的一种体现。如果我们总是叮嘱孩子这个要当心，那个不能碰，结果孩子乖是乖了，但是少了儿童特有的活泼劲儿，对于他们的身心发展是一种严重的戕害。

孩子自有个性，别用你的想法束缚他

世界上没有两片相同的树叶，同样的，人的性格也各有千秋。所以，不要试图强制改变孩子的性格，不管你是否喜欢孩子的性格，只要孩子心理健康，能够快乐地成长，就可以尊重孩子的选择。

许斌不太喜欢和同学们一起玩耍，因为，他总觉得和大家在一起打闹是一件很幼稚的事情，倒不如自己看书或是独自去郊游来得更为潇洒、惬意。他特别欣赏武侠小说里面的那些独来独往的古代侠客，许斌欣赏他们那种自由自在、不受任何束缚的生活。他也希望自己能够有侠客般的气质。

可是，许斌的妈妈可不认为这种独来独往的性格是个好现象，她觉得孩子必须得和伙伴们一起玩闹、一起交往才是正常的，像许斌这样的性格太过孤僻，妈妈经常对许斌说："你不要这么不合群，应该多和朋友在一起玩、一起谈心，这样的生活态度才是积极的，这样老是关起门来，一个人待着，会越来越怪异的。"

许斌每每听到妈妈的这番话，总是回绝："我喜欢这样一个人安静地待着，我觉得这样很好。我喜欢如此。"

面对孩子的固执，母亲几乎是无计可施了。那天，母亲单位组织到外地去旅游，妈妈想带着许斌一块儿去，因为，这次旅游会有许多和许斌同龄的孩子一同前往，妈妈觉得这是一次好机会，可以让许斌多接触一些朋友。但许斌还是拒绝了妈妈的安排："不，我不去，和一群孩子在一起多没劲呀。"

妈妈问道："你自己不也是孩子吗？"

许斌摆摆手："反正我是不去的，我再次申明我喜欢独自一人。"

妈妈无可奈何地叹了一口气："唉，你怎么这么喜欢闹别扭呀！"

成人的性格往往在孩童时期就已经形成，所以，生活中和故事里的许斌性格相近的孩子并不鲜见。

然而父母们却不允许自己的孩子整天独自一人，多数父母都希望自己的孩子处世积极、性格活泼。因此，许多性格内向的孩子的父母为孩子忧心忡忡。有些父母还会因为孩子的这种个性而责备孩子："怎么整天死气沉沉的？""整天就像个小老头一样没精打采"……然而，这种方法却很难奏效，因为愈加责备，就愈容易使孩子畏缩、消极，造成孩子心理上的负担。尤其是以命令的口气说话，将对孩子造成很大的负面影响。

有些父母鼓励性格内向的孩子和一些性格外向的伙伴一起相处，可是，他们不知道，内向的孩子和活泼好动的孩子相处时，反而会产生更大的压力，内心中会形成一堵无形的心墙，反而不利于孩子的成长。

父母不要强求孩子的性格与别人一致，更不要斥责孩子性格不好。在这点上应该给孩子足够的空间，对孩子宽容一点。此时父母应该做的是，和孩子进行心与心的交流，抓住孩子的性格特点，找出孩子性格特别的原因所在，对症下药。

培养孩子个性的时候，不要逼迫孩子必须和父母自己认为优秀的

孩子一致，要鼓励孩子拥有自己的个性。但要让孩子理解，人既是个体，但同样也具有社会性，人不需要刻意去改变自己的个性，但必须适应环境，适应社会，这样才能使孩子健康成长。

孩子有孩子的心理节奏，不要打乱它

家长们在进行家庭教育时，常常会发生这样的问题：说了孩子许多次，可越说越不听；帮了孩子许多次，可孩子一点反应都没有；教育孩子多次之后才发现孩子的表现与自己的期望恰恰相反……或许你对此百思不得其解，那不妨反省一下自己，是不是你自己太唠叨了，给孩子造成了心理压力，让孩子产生了逆反心理？

程燕有个怪癖，就是别人一催促她或者站在她背后，她就感觉节奏被打乱，工作效率下降。细问之下，发现程燕的妈妈是个非常急躁的人，而程燕则是个稳性子，程燕的童年是在母亲的催促中度过的。

平时，小学生 4 点多就放学了，程燕到家 5 点左右。妈妈要求程燕必须在 6 点半之前完成作业，可程燕经常要写到 7 点多，有时甚至要写到 8 点，因为她写得很认真。妈妈看到程燕这个样子，又对比邻居妞妞的情况，觉得程燕贪玩，写作业不专心，于是决定好好监督她，让她改过来。后来放学一到家，妈妈就追问程燕作业是什么，盘算作业量。程燕正兴奋的跟妈妈分享学校里发生的事情，但妈妈根本没心思听，只是催促她快点写作业；程燕饿了，跟妈妈说，妈妈不耐烦地吼了起来"我叫你快点写作业，你没听见吗？不写完不准吃饭！"

程燕愣住了，一时还搞不清状况，不知道自己做错了什么，为什么妈妈要对她发这么大脾气。她被吓住了，很害怕，心里很难受，即使坐到书桌前，也根本没心情写。

过了一会儿，妈妈偷偷观察程燕，发现她只是摊开了作业本，在那里呆坐着只字未动。妈妈的火更大了，大声质问道："为什么不写作业？走什么神呢？"程燕不说话，委屈地看着妈妈，妈妈再一次逼问："我问你话呢，怎么不回答，你是哑巴吗？"程燕终于忍不住了，"哇"的一声大哭起来。妈妈觉得很崩溃，失望地说："完蛋孩子，你爱怎么样就怎么样吧，我不想管你了！"遂不再理程燕。

程燕哭了一会儿就不哭了，一个人坐在那里发呆，妈妈看到她这个状态，心有不忍，好说歹说把她拉去吃饭了。饭桌上，妈妈告诉程燕："以后你写作业快一点，你快点写完我当然不会冲你发脾气了……"程燕连着答应了几声"哦"，没再说别的。妈妈觉得还比较满意，好像自己的话孩子终于听进去了。

然而并非如此，程燕并没有快多少，作业还总是出错，并且形成了那个只要别人站在身后一催，节奏就被打乱的心理障碍。

絮叨、吼叫的说教方法是教育子女的一种错误的方式，也是父母缺少教育方法的一种表现。从培养孩子的良好行为出发，当父母发现孩子有某些缺点和不良习惯，进行批评教育和诱导时，应注意使用灵活的语言，以及不同的语调和表情，选择适宜的时机，有的放矢地进行训导，"动其情，明其理"，再加上给予具体的帮助和监督，这样就会使孩子逐渐改掉缺点和不良习气，养成良好的习惯了。

（1）以轻松的口吻与孩子交流

教育应以尊重为前提，父母的言行必须落到实处。与孩子交谈时，如果发现他的观点正确，那么父母就不要再端着架子，而是可以以轻松的口吻对他说："孩子，对不起，是妈妈（爸爸）错了。""乖孩子，妈妈要向你学习。""宝贝，你比妈妈做得还好！"等。

（2）及时地赞扬孩子

看到孩子向着你的预期有所进步，家长应该及时运用微笑、点头、脸上的表情等，对他的这种行为表现出赞同，说上一句："宝宝你真棒！"从而让孩子感到：原来我做的事情这么厉害，不然，妈妈（爸爸）怎么会赞扬我呢！这要比唠唠叨叨、大吼大叫地命令孩子做事情更能使孩子听话懂事，也更利于改掉孩子一些坏的生活习惯。

（3）不要总对孩子说"经验之谈"

孩子说话、做事不免出错，那个时候，他总想维护自己的面子，从而出现一种防卫自我尊严免受伤害的心理倾向。所以，面对出错的孩子，家长不要以高明者自居，大吼大叫地指责他笨拙、糊涂、愚蠢，并且还唠唠叨叨对他说："这点事也做不好！我像你这么大时……"这种"经验之谈"，只能让孩子感到一种"被歧视"，认为爸爸妈妈看不起自己。正确的做法应当是：以平和的口气，巧妙地点出他的错误，帮助他分析事理，弄清是非。

孩子天性调皮，父母要控制好脾气

每个孩子小的时候都非常调皮，这也是孩子的天性，那么父母该如何教育调皮的孩子呢？是泯灭其天性还是发展其天性？我们来看看懂沟通心理学的家长是怎样做的。

冯敏今年 6 岁了，是家里的掌上明珠，相比于其他年龄相仿的女孩来说，冯敏更为调皮。记得有一次，妈妈带着冯敏到朋友家做客，她一会儿摸摸这儿，一会儿碰碰那儿，妈妈觉得很是不好意思，生怕冯敏会打碎朋友家的东西，于是轻生招呼她："敏敏，快过来，坐到妈妈腿上来。"然而冯敏并未走到妈妈跟前，而是一溜烟跑到了朋友家的卧室，看到卧室里的皮卡丘公仔非常可爱，一把抱在怀里出去找妈妈。妈妈刚要训斥冯敏，哪知冯敏却说："妈妈，妈妈，我看到皮卡丘身上破了个洞，你用针线缝缝吧。"妈妈的朋友一听，笑着说："敏敏真是个爱观察的孩子，这个皮卡丘一直放在我家孩子的卧室里，他都没有发现皮卡丘身上破了个洞。"

还有的时候，妈妈带着冯敏到乡下爷爷奶奶家去玩耍，她就会一整天不进屋，而是在院子里观察小鸟、小蚂蚁、小蜜蜂及花花草草。冯敏虽然有些淘气，但是很聪明，她能迅速地说出普通花草的名称、颜色，以及小动物的名称、颜色、喜欢吃什么等。妈妈给她买了一本

《动物与植物百科大全卷》，虽然她不认识几个字，但经常会缠着妈妈给她讲书上的小动物，她也会对号入座，在看到自然界中和书上对应的小动物的时候说出几点她知道的有关小动物的特点。

记得有一次，妈妈给她买了一个会发出悦耳乐声的音乐盒，冯敏非常喜欢，可是这声音是从哪里传出来的呢？为什么一上弦就可以发出声音？一连几天她都心痒得很，直到有一天，妈妈把她送到乡下看奶奶，趁着妈妈不在身边，冯敏偷偷将音乐盒拆开了，可是里面除了一个个小小的金属片什么都没有，她试图将音乐盒组装上，可是无论如何它都不能再发出声音了。

冯敏非常害怕，担心妈妈看到后会责备自己，哪知道妈妈得知原因后却鼓励她说："敏敏做得很好，既然你已经把音乐盒拆了，就好好观察它，尝试不同的组装方法，看看音乐声究竟是从哪里发出来的。"

冯敏的妈妈并没有因冯敏淘气而一味地压制她的本性，而是利用她的调皮活泼激发她的观察力、想象力、思考力和动手能力，这才是促进孩子成长、进步的关键。生活中，很多父母发现自己的孩子很是调皮之后就开始不明就里地管教，想要通过自己的压制和引导让孩子变得越来越乖巧、听话，却忽视了孩子的天性。对于天性调皮的孩子，父母可以进行这样的引导：

（1）面对调皮的孩子，父母要控制好自己的脾气

调皮的孩子常常会将家里弄得乱七八糟，甚至把家里的东西弄坏。很多家长在面对这种情况的时候都会气急败坏，想对着孩子大发雷霆。但是父母如果无法控制自己的脾气而责骂甚至打了孩子，只会让孩子逐渐丧失创新意识，要知道，那些稀奇古怪的念头里很可能蕴藏着无

限的创造力。现实生活中，规矩听话的孩子可以让父母省心，再加上父母望子成龙的心态，经常会给孩子设很多的限制，不允许孩子做这做那，管教变成了管制，结果使孩子做什么事都必须看大人的眼色行事，整天一副唯唯诺诺的样子，根本不可能再有什么创造力了。因此，作为父母，不要因为孩子稍微有些调皮的行为就大发雷霆。

大多中国的父母都存在一个弊端：希望自己的孩子在家听父母话，在学校听老师话。一旦孩子没有达到这样的标准，父母就会训斥甚至打骂孩子。可能父母觉得带着乖巧的孩子出门有面子，而调皮的孩子会给自己丢脸，可正是由于这样的父母，让孩子宝贵的创造力被扼杀在萌芽之中。创造需要一定的时间与空间，如果给孩子设置重重约束，一点儿自由支配的时间都没有，他们的创造力就会被扼杀。明智的家长应该懂得放手，让孩子去淘气，自由自在地去遐想、去活动、去创造……

(2) 尊重孩子的喜好

在中国，很大一部分家长根本不问孩子喜好什么，就一味地按照自己的意愿给孩子报各种学习班，企图让孩子掌握各种技能，以备将来步入社会独当一面所用。表面上这种做法好像很对，但是所有的家长都忽略了一点，这么做泯灭了孩子活泼的天性，让原本该绽放笑容的小脸变得不耐烦、死板、愁闷。

正确培养孩子的方法是根据孩子的天性进行培养，而很多父母的培养方法却与之相反，父母命令孩子做这做那，将学习当成任务去完成，甚至为此而羞辱、责骂孩子，那么孩子就只能带着不情愿的情绪去做这些事。其实，这样做的结果就是让孩子对学习感到厌倦，同时毁掉了孩子应有的气质，让孩子变得混混沌沌的，行动变得迟缓。

(3) 调皮不等于完全没规矩

中国有句古话"没有规矩，不成方圆"，容忍孩子的调皮行为并不等于完全放纵孩子，对于过于调皮、不讲礼貌、不讲规矩甚至出手打人的孩子，父母应当严厉制止和管教。孩子小的时候要培养良好的行为习惯。孩子稍微大点后，要给孩子"不听话的自由"，鼓励他们有自己的想法和做法。淘气的孩子接触面广，大脑受刺激多，能激发孩子的智力。因此，给孩子一点"不听话的自由"可以提高孩子的创造力。哪怕是再调皮的孩子身上都有闪光点，做父母的应该及时发现他们的优点，懂得如何去挖掘他们的潜能，培养他们的兴趣。调皮孩子的兴趣不容易被父母发现，因为他们的想法千奇百怪，此时最需要父母的支持，不要强迫他们放弃自己的兴趣。

孩子都贪玩，重点是让他怎么玩

孩子贪玩，是一个令父母感到头痛的问题。其实，父母们应该知道，玩是孩子的一种天性，是他们对周围世界感到好奇的行为表现，事实上，很多孩子往往是在玩耍中学到知识，加深对客观世界的认识的。哈佛大学著名儿童心理学专家组成的"发现天赋少儿培育计划"课题组，在对世界各地近 3000 名 10 岁以下儿童进行跟踪调查后发现，在被认为是聪明过人的孩子里，87% 都有"强烈的好玩之心"。因此不

沟通的秘密：正确的亲子沟通，从读懂孩子开始

要把你的孩子限定在你规定的"框架"里，"纵容"你的孩子开怀地玩耍吧，也许你会培养出一个好玩的好孩子。

朱畅从小就是个特别贪玩的孩子。每天放学后，朱畅不是拿着他自制的"捕虫器"到田野里捉虫子，就是带着其他几个孩子拿着一个放大镜到田间地头，观察庄稼的叶子。

有一段时间，父母对朱畅贪玩的行为十分恼怒，还多次没收了朱畅的一些玩具。但这并不能阻止孩子的贪玩，朱畅总是有很多的"鬼点子"，今天玩耍的工具被没收了，明天他又能做出一个其他的玩具。老师说朱畅够聪明，只是没有把主要精力用在学习上，所以学习成绩平平。爸爸妈妈更是着急，不知道究竟怎么办才好！

小学毕业后，朱畅并没有考进重点中学，在一所普通中学里，学习成绩也只是"中等偏上"而已。但朱畅制作航空模型的水平却是出了名的，他制作的航空模型不但在学校和市里获了奖，而且还参加过省级赛事。2002 年，朱畅还是一名初三的学生，那一年在老师的指导下，由他设计的航空模型获得了全国大奖……

教育学家认为：对于孩子来说，玩是学习，游戏是学习，学习本身也是学习。事实上，我们也很难找到一个不喜欢玩的孩子！父母之所以害怕孩子玩，是怕孩子玩得太出格了，因此限制孩子玩。

一个懂得教育孩子、会培养孩子的父母，理应把陪孩子玩当成亲子教育中最重要的一环。让孩子充当"玩"的主角，感受玩的乐趣，在玩中加深对世界的认识，这才是我们的任务。

在与孩子玩的过程中，父母可结合"玩"的内容，培养、引导孩子对事物的兴趣。比如，捉蜻蜓后，引导孩子观察蜻蜓的外形，看看它们各有什么特征，有什么相同和不同的地方，再把它们与其他种类

的昆虫比一比，让孩子对自然界的各种小生物产生兴趣。

陪孩子玩也是引导孩子开阔视野、开拓思维的好途径。比如，父母发现孩子喜欢玩汽车玩具，在陪玩中就可向孩子介绍不同种类的汽车，以后再带孩子去参观汽车展览会扩大孩子的眼界，孩子会饶有兴趣地了解各式各样的汽车，在现实生活中可以和孩子一起观察汽车，获得更多的知识，启发孩子的求知欲望。

同时，玩也是培养孩子良好品德的有效方法。父母在陪孩子玩的过程中，可以针对各种情况对孩子进行品德的培养。如带孩子去公园，要教育孩子爱护花草树木，爬山时不怕苦、不怕累，摔跤了要勇敢，不要破坏文物等。带孩子看电影，就应跟孩子一起做个文明的观众，不大声喧哗，不乱丢果皮纸屑，等等。

为了帮助家长们更准确地引导孩子，建议家长在三个方面多下功夫：

(1) 观察孩子的喜好

对于贪玩的孩子，父母应该注意细心观察孩子爱玩什么，怎么玩……分析这样玩对孩子身心健康是否有益，是否妨碍和伤害到了其他人，是否对社会环境产生不良的影响等。千万不要不分青红皂白就对贪玩的孩子主观地横加干预。

(2) 引导孩子去玩

贪玩的孩子兴趣爱好往往十分广泛，聪明的父母不要限制孩子玩，而要把孩子的爱好引向更科学、合理，有助于身心健康的方面。孩子如果爱好广泛又比较贪玩，他们往往玩起来认真投入，不能自制。父母应该怎样做呢？我们不妨看看下面这个例子：

小宇喜欢踢足球，放学后就在楼下的小路上踢。尽管场地狭小，他仍然玩得汗流浃背，还曾踢碎过人家的玻璃。后来父母分析，孩子喜欢踢足球是件好事，他在体育课中的长跑项目没有达标，而踢足球也是锻炼长跑的好机会。于是父母阻止了孩子在楼下踢球，而是在周末带他到学校的操场上去踢，这下孩子玩得更尽兴了，这样做的结果既保护了孩子的兴趣，又弥补了体育课中孩子的弱项。

(3) 帮孩子合理安排玩的时间

孩子的兴趣广泛，又得不到合理的安排，往往在玩的时候投入的精力多，占用的时间长，没有节制地玩，造成“贪玩”。改变孩子贪玩的现象，父母应该帮助孩子合理地安排和选择“玩什么”“怎么玩”和“什么时间玩”，使孩子能够在“玩”中受益。如父母不妨训练他的骑车、游泳等基本技能。有条件还可以经常带他们郊游、爬山、参观博物馆等。

孩子在“玩”的过程中不仅能开阔眼界，同时也能增长知识。因此家长应当鼓励孩子去玩，不要把孩子的一举一动都限制在框框里。

孩子任性的背后，有他们的“道理”

孩子任性，是一个普遍的问题。男孩子脾气上来，撒泼打滚，无所不干；女孩子含蓄些，比较注意形象，但是心里一不如意，就往那儿一坐，小嘴儿一噘，任凭你怎么喊就是不答应，也真够让大人心

急的。

要矫正孩子任性的性格缺陷，我们必须了解一点童心理学，知道他们在大人看来"不可理喻"的背后，到底有什么样的深层动机。

8岁的宁宁，典型的你说往东他偏往西，爸爸都恨得打他屁股了，可是他还是不顺从。但在孩子内心里，他却是这么想的：爸爸嫌我不听话，太任性。可是我不饿的时候，他们偏让我吃饭；我想看画册，他们偏让我午睡；我困了的时候，他们还非让我练钢琴。难道大人就不任性吗？为什么都要按他们说的去办？我已经是大孩子了，我不能决定自己要干什么吗？

11岁的小多，脾气说来就来，稍不如意就和父母对着干，也不管人多人少。孩子心中其实也有她的想法：我吃东西吃得高兴，不小心把番茄酱弄到脸上了。妈妈就唠叨"看看比你大一岁的表姐，吃东西的时候多斯文，说话都轻声细语的，再看你，哪像个女孩子！"为什么总是说别的孩子好？索性把汉堡、薯条弄得满地都是，这又怎么样？反正在妈妈的眼里，我也不是好孩子了！

10岁的莎莎，看到什么要什么，父母不答应，说哭就哭，没个晴天的时候。在她心里打的是这个主意：你们不让孩子闹，但是我好好说话你们什么时候听过？我一哭你们才会改变主意，上次就是这样的。

任性形成的原因有多种，比如，有些家长对孩子的溺爱、娇惯、放任、迁就；还有的家长对孩子的教育方法简单粗暴，造成孩子的逆反心理，不管家长说得对不对，一概不接受，从而埋下了任性的种子；有些家长无视孩子的意愿、想法，只要求孩子绝对服从，并想出各种方式让孩子听从，这种违背孩子身心发展规律的做法也是助长孩子任性的原因；另有一类家长经常当着别人的面数落孩子，爱用讽刺、挖苦的语气和孩子说话，虽然是为孩子好，哪怕家长说得再对，也容易伤害孩子的自尊心，从而导致孩子为了自己的面子，为了和家长对抗，故意任性犯拧。

看来，在任性孩子"不可理喻"的背后，其实也有他们的"理"，只是当家长的平时不注意分辨罢了。知道了他们与家长对抗的动机，就会知道什么样的管理方法对任性的孩子有效，儿童教育专家推荐了以下的方法，家长们可以根据实际情况试用。

（1）提前打好预防针

孩子任性发作一般是有规律可循的，当预计孩子可能因某种情况任性时，要提前打好预防针。比如：带孩子到商场之前，要预计到孩子会要求买玩具，一旦得不到满足八成会耍赖。那么，家长在从家里出发前就要和孩子讲好条件，看到喜欢的玩具只许看一会儿，不能买，不听话就不带他去商场了。如果孩子表现得好，家长可以表扬鼓励他，甚至可以给他买件小礼物以示对其"不任性"的奖励。

（2）遇到犯拧不能软

孩子任性往往是抓住了家长的弱点。家长越怕孩子哭，孩子就越是哭。因此，家长对孩子提出的不合理要求绝对不能让步，不管他怎么哭怎么闹，都不能有任何迁就的表示，态度要坚决，而且一定要坚持到底。

（3）让孩子多与他人交往

目前，多数孩子都是独生子女，在家里受到溺爱，又缺少与同龄人交往的机会，容易形成孤僻、执拗的性格。形成这种性格后，在外面和小朋友、同学相处困难，一不顺心，回家更是要耍脾气，形成恶性循环。因此，家长要多为孩子创造条件，让孩子多和同龄人交往。

在和小伙伴交往的过程中，孩子没有道理要求别人事事顺着自己，对别人任性耍脾气的结果可能就是"没人理了"。孩子慢慢地会因此意识到任性的坏处，并且在和同龄人交往中改变任性的坏毛病。

依性格引导，而不是强迫他改变

每个孩子的性格都不一样，但从大体上概括，主要有外向与内向两种。所以在教养孩子时，家长们最少要准备两套方案：如果孩子沉静内向，你可以选择把他培养成一个温和、优雅的公主或是绅士；如果孩子外向活泼，你可以选择把他培养成一个开朗、精力旺盛的活动家。总之，家长要想教育出一个好孩子，一定要从孩子的性格出发，让他成为一个身心健康的有用之才。

9岁的萌萌在班里有个外号——小喇叭，一到下课，第一个冲出教室的一定是她。翻单杠、爬云梯，那些男孩都不敢玩的器械萌萌通通不惧怕。

一天，原本蹦蹦跳跳的萌萌突然变得稳重起来，做事慢条斯理。下课时，她走在全班同学后面，课间活动时，别人在一旁玩耍，她却安静地坐在台阶上看。

当老师问她怎么了时，她从口袋里掏出一枚生鸡蛋，告诉老师："妈妈告诉我不能弄破它。以后我要做淑女了。"

　　让女儿每日揣个生鸡蛋，就能培养孩子的淑女气质吗？这种教育孩子的方法正确吗？想必所有看完故事的父母们，都会发出这样的疑问。父母们的担心是正确的。用强制的手段硬让一个性格外向、精力充沛的孩子变成一个安静的孩子，并不是一个好办法。这不仅不利于孩子的身心发展，也遏制和破坏了孩子童年的快乐。

　　此外，淑女和绅士的品质除了稳重外还包括知识、礼节、宽容、善良等，这也不是一个鸡蛋所能解决的。

　　那么，妈妈如何培养，才算是正确的教育呢？

　　（1）将孩子的精力导向正确的方面。对于精力旺盛的孩子，父母可多为他们提供一些体育用品，如小皮球、儿童剑、小自行车、溜冰鞋等，这些都是好动孩子十分青睐的物品。当孩子满腔热情地投入体育活动时，不仅从此多了一种有益的兴趣爱好，还可达到以动制动的目的。

　　（2）注意孩子行为举止：父母应对孩子的站、坐、行以及神态、动作等方面提出一些明确的要求。例如，优美的站立姿势要求身体直立、挺胸收腹、脚尖稍向外呈 V 字形；要避免无精打采、耸肩、塌腰，千万不能半躺半坐；走路要昂首挺胸，肩膀自然摆动，步速适中等。

　　（3）要多提示和表扬：孩子的一些错误行为往往出于考虑少，而不是有意冒犯。因此，如果家长此时严厉斥责、制定规矩，往往会使孩子产生反感和抵触情绪。因此，想让孩子变得举止优雅，最好的方式就是——提示和表扬。

保留孩子的童心，允许他们天真

清朝的一位哲学家指出，成年人保持一定的"童心"是人生能够成功的前提。我们的观察也发现，过早就变得很世故的人往往不能成就大业。所以我们经常告诉许多父母，应该敬畏孩子，因为相对某些成年人而言，也许他们离真理更近些，因为他们至少没有迷信、偏见，只有一颗探索一切的晶莹透明的心！

如果父母仔细观察，肯定会发现一个有趣的现象：孩子们向父母询问的往往是"大"问题，例如：天有没有边？人是从哪里来的？有没有外星人？等等。其中有些问题甚至对今天的自然科学来说还是未解之谜。而我们成人所关心的往往是"小"问题：鸡蛋多少钱一斤？张三什么时候退休？李四"麻艺"怎么样？等等。

但是只对"小"问题感兴趣的成人却拥有"话语霸权"，于是他们中的不少人认为孩子们所关心的那些"大"问题是"瞎胡闹"，经常冷眼对之。有些身为父母的人甚至认为孩子应该像自己那样"世事洞明""样样精通"，成为"小大人"才是聪明的孩子。

这是一种荒谬的想法。例如，在我们成人世界，人们经常用"那个人太天真"来对某个人表示鄙视，天真成了一种缺点。然而在孩子的日常生活中，经常会出现一些天真的言语或行为，例如孩子经常说

"我要当科学家""我要当总统"，等等。

一般来说，孩子特别珍视他们这些天真的梦想，幻想对于孩子是一种珍贵的财富。心理学研究表明，这主要是心理暗示在起作用。当人们受到暗示认为自己将成为一个大人物的时候，就对自己产生了正面的暗示，长此以往就会在自己的心目中固化，形成一种正面的自我意象，最后会对自己的人生产生积极的影响，从而获得成功。

心理学和社会学得出的一致结论是：没有一点天真的情感以及幻想的人是不会有太大成就的，对孩子来说更是如此。

有个小学生写了一篇作文，自己还拟了一个标题：苍蝇是从哪里来的？小作者在这篇不足百字的短文中说：他有一次摘下一朵花，看见里面有许多小小的苍蝇，所以他认为苍蝇是从花里钻出来的。老师对这篇作文大加赞赏，这个小朋友受到了鼓励，在后来的学习中勇于探索，成了一个很优秀的学生。

但是大部分"胡思乱想"儿童却不能像这个小作者这样幸运。即使在目前，很多人往往将这种作文视作胡思乱想，因为很多中国的父母是不懂得这种"古怪"想法的宝贵之处的。而在西方国家，这却是受到高度重视的。

事实上，想象力是人类智慧的第一缕曙光，缺少幻想的人生是苍白的！

然而孩子的想象力却常常遭到大人的嘲笑！

这是一件令人感到悲哀的事情：孩子的想象力就是在成人的误解中消失的！

不是要杜绝惩戒，但一定要适度

父母总希望孩子能听自己的话，可孩子偏偏把父母们苦口婆心的说教当成耳边风。

"孩子怎么这么犟呢？我们说了那么多都是为了他们好，想想看，如果是别人的孩子，我会对你说那么多吗？爸爸妈妈不会害你的！"在教育子女无效后，父母真是满肚子的苦水无处说。

怎么能让孩子听话？假如世上有让孩子听话的药，估计父母们肯定会不惜一切代价买回家在第一时间给孩子吃的。可世上哪会有这种药呢？还是看看专门研究家庭教育的专家们有什么新鲜招数吧！

一位爸爸抱怨："我一直非常注意女儿的成长，特别是她的缺点，我会想办法让她尽量改正。为此，我天天讲，月月讲，真是磨破了嘴皮子。刚开始我说她，她还听，慢慢地她就对我说的话不予理睬，不当回事了。现在我无论说什么，她都好像没有听见，无动于衷。我实在想不出用什么方法来管教她……"

这位父亲的苦恼其实是孩子对反复出现的某类刺激所产生的一种习惯性倾向，导致心理反应迟钝或弱化，甚至不起反应，这是目前很多父母共同面临的一件头痛事。

当孩子有了过错以后，父母批评孩子不是对事不对人，而是用简单的否定、粗暴的训斥、讽刺来对待孩子。如"你真是笨，一辈子没有出息""现在就学会了撒谎，长大后不知道成什么样子"。这类语言最伤孩子的自尊心，使孩子变得对任何事情都无所谓，甚至自暴自弃，不思进取。

有的父母往往以成人的标准来衡量孩子，不是站在发展的立场上宽容地接受孩子由于缺乏经验与能力而犯的过失，而是小题大做，大发脾气，并且将孩子以往的所有错误重新数落一遍，引起孩子的反感。

对于孩子的坏毛病，爸爸妈妈要适当地予以惩罚，但是千万不能过量。我们中国以前的传统家庭是"家有一老，如有一宝"，现在的小家庭则是"家有一小，如有一魔"。孩子一再犯错，家长该怎么办？那还用说：惩罚。但是惩罚孩子一定不能太严格，否则孩子一旦犯了错就会非常担心被父母惩罚，时间一久就很可能产生焦虑症。

婷婷非常喜欢奥特曼，所以爸爸给她买了一个奥特曼的玩具。一天，爸爸出门时把玩具放在桌子上，婷婷的小伙伴乐乐跟着妈妈来婷婷家玩。两个妈妈在客厅里说话，婷婷就跟乐乐在卧室里玩。

乐乐对婷婷说想玩一下她的奥特曼，可是桌子太高了，怎么也拿不着，这让她十分懊恼和沮丧。于是，婷婷就让乐乐的小手努力、再努力地往前伸，结果一不小心玩具掉了下来，摔坏了。婷婷十分慌张地看着它，然后怒气冲冲地对乐乐说："你真笨，怎么能这样啊？你赔我的奥特曼。"婷婷妈和乐乐妈听见孩子的争吵声，都跑进卧室看。但是任两位妈妈怎么劝，婷婷就是不依不饶的，这弄得乐乐妈很尴尬。

不一会儿，婷婷爸爸回来了。他听到婷婷的叙述，就说："好了，别闹了，爸爸明天再给你买。"可是，婷婷一听更闹得厉害，竟然还坐在地上撒起泼来……结果，爸爸暴跳如雷，一边骂一边打："你怎么

这么不懂礼貌，这么没有规矩啊！乐乐是你的小伙伴，不小心把你的玩具弄坏了，又不是故意的，而且乐乐和她妈妈都已经跟你道过歉了，你还想怎么样！我看你就是找打！"说着，爸爸就把婷婷拎起来，在她的屁股上打了几下。这下，婷婷哭得更凶了，站在一旁的乐乐傻眼了，乐乐妈也更尴尬了……

父母教育孩子不是单用"拳头"才能把问题解决的，在孩子犯错误时，父母第一时间想到的不应是处罚，而是通过某种方法让孩子认识到错误，主动加以改正。这样，孩子不但会改进，而且当他们下次犯错误的时候，他不会由于怕父母处罚而担忧和撒谎，他们会主动交代错误。所以，父母不要轻易扮"黑脸"，动不动就处罚孩子，而是要记住适度惩罚。

国外有教育专家通过多年来的调查得出结论：不当惩罚孩子，只能影响孩子的成长。孩子年幼时，会出现严重的焦虑症，看到父母发火时，就会表现出紧张、焦虑的情绪，父母越罚、哭得越凶；进入青春期后，他们的叛逆情绪则会超出正常范围，经常选择不理智的举动，以此来对抗父母的惩罚。当问起这些孩子的心理状态时，他们总会这样回答："我那么做也是没有办法。因为我知道，如果我犯了错误，爸爸妈妈肯定不会轻饶我的。既然如此，我何不进行反抗呢？谁让他们这么对我！"

孩子的这种话，相信父母听了一定会心惊肉跳。所以，面对孩子的错误时，父母还是尽量忘记"惩罚"这个词吧。父母的教育，不是惩罚这么简单，而是应该通过合理的手段，让孩子认识到错误，主动加以改正。这样，孩子不但会汲取经验，而且当他下次犯错误的时候，他不会由于怕父母处罚而担忧和撒谎。

父母的责任，是引导孩子成为一个健全的人，而不是培养"敌人"。如果父母总在惩罚孩子、教训孩子，孩子势必会因此感到苦恼，认为是父母不爱他们、讨厌他们，无形中和父母之间有了距离。这样的话，交流的大门就会慢慢关上。

面对孩子的错误，家长不要动不动就大声斥骂，甚至打孩子，而是要找到适当的方法，给他适度的惩罚。只要成功地抑制了孩子的错误就行了，没必要太严厉。

（1）家长要克制自己的怒气：面对孩子的错误，家长首先要控制自己的愤怒情绪，先想想为何孩子需要以不当的手段（如欺骗）来获取他想要的东西，或掩饰他的错误。

（2）给孩子解释的机会：家长应询问孩子犯错的原因，借此了解孩子这样做的目的，并且适时教育，纠正其偏差的观念及行为。

（3）预先和孩子订好处罚方式：比如，事前告诉孩子，一旦犯了什么错误，就要减少零食的数量，少给零花钱，两天不能看电视等，让孩子心里有数，而不是提心吊胆地想："还不知道他们怎么惩罚我呢。"

（4）采用隔离式惩罚的方法：看到孩子做错了事，家长自然不高兴，想要对他进行惩罚。但是拳脚相加，这并不是最好的方式。爸爸妈妈可以采取"暂时隔离"的处罚方式。"暂时隔离"就是在孩子犯错时，让他坐在角落的一张椅子上，以"一岁一分钟"为原则，思考一下自己的行为。需要注意的是，这种方法不是要家长把孩子囚禁。处罚的同时，要让孩子明白自己做错了什么，因为孩子如果不明白自己为何受罚，那么处罚就没有意义了。同时，家长还要保持语气上的平和，万万不可表现出威胁、暴躁的口吻。

(5) 惩罚时别忘了正面引导：有的家长在惩罚孩子时，还不忘说这样的话："你真不争气""没出息的东西"，如此责备，只能把孩子往歪路上推。懂得教育的家长，应当是在惩罚结束后，用肯定的语言，如"你是有出息的""肯定会争气"等，给予正确引导。只有让孩子意识到了错，愿意进行改变，他才能体会到爸爸妈妈的用心，从而将冲突的概率降至最低。

CHAPTER 02

伤害式沟通：
孩子的问题，多源于父母的心理暴力

　　孩子不可能没有缺点，也一定会犯错误，而有些家长往往过分关注孩子的瑕疵，动辄辱骂和讽刺，对孩子缺乏起码的尊重。以这种方式对待孩子的结果是：年龄小的会害怕、畏缩，年龄大的会心生反感、敌意，既达不到教育的效果，又造成了亲子间的疏离。

越骂孩子，孩子表现越糟糕

毫无疑问，父母都十分热爱自己的孩子，他们希望自己的孩子是最聪明、最勇敢、最完美无缺的人。然而，这是不可能的，孩子们由于缺少自控能力，往往会有许多缺点：淘气、不听话、不爱学习、不讲卫生、说谎……一些父母就觉得很失望，于是责罚孩子，严厉地教导孩子，希望他们能很快改正缺点，结果他们更失望了，孩子越管反而越糟糕。这些家长都是很负责的父母，只不过他们用错了教育方法。

一位家长沮丧地找到儿子的老师："老师，您帮我好好管管小强吧！他怎么这么不争气啊！说谎、逃课、不听话，从来就没见过这么坏的孩子！这样下去我还有什么指望啊？！"老师惊讶地看着这位家长："你就是这样看待小强的吗？"老师随手拿起一张被墨水涂脏了一块的白纸，"你看到了什么？""什么？"家长不明所以地回答，"不就是一块墨点吗？"老师笑了，"为什么你就只看到了墨点没看到这张白纸呢？脏了的只是一小块，其他的地方还是雪白的，孩子更愿意接受奖励式的教育呀！你眼中的小强说谎、不听话，这是他的缺点，可他还有更多的优点呢！他善良、聪明、会画画、动手能力强、热心……"家长笑了："我可真是个粗心的父亲啊！竟然忽略了孩子的优点，谢谢您，老师！"

生活中，很多父母总是盯着孩子的缺点和错误不放，就如同只看到墨点而看不到大张的白纸，这种情形对教育孩子是极为不利的。因为家长只看到了孩子的缺点，不停地斥责孩子，责令孩子改正。而儿童心理学家告诉我们，孩子是越骂越糟，越夸越好的。只有运用"赏善"的手段，发现孩子的优点，肯定孩子的优点，才能帮助孩子战胜缺点，不断进步。

一个孩子在奶奶家和在父母家判若两人。

每次在奶奶家，奶奶都对他赞不绝口："这么好的小孩子真是难得，小小年纪就懂得礼貌，还知道吃东西的时候要分一份给奶奶！而且呀，我的宝贝孙子都知道帮奶奶干活了。真了不起，奶奶要做你最喜欢吃的鸡蛋羹奖励你！"

可回到自己家里却是另一番景象了。

一进门，妈妈就开始数落："像你这么调皮的孩子真是天下难找，要多捣蛋有多捣蛋，看衣服脏的，多么讨厌啊。"

爸爸也跟着骂他："一天游手好闲，不爱学习，什么也不知道做，我怎么会有你这个没出息的孩子！"

再看看孩子，帽子歪戴着，鼻涕也不擦，一副毫不在乎的样子。

奶奶总夸他的优点，于是，越夸越好，在奶奶家，他就是好孩子；父母老是训斥他的缺点，于是，越骂越糟，在自己家里，他就是坏孩子。

儿童心理学家经过千百次的实验与观察发现：小孩子总是在无意识中按大人的评价调整自己的行为，因此家长们应掌握赏善的策略，不要只顾批评孩子的缺点，而是要反过来多对孩子的优点进行奖赏，这样，孩子就会在不知不觉中改正缺点，成为父母所期望的样子。

在很多家庭中，有缺点的孩子被呵斥与责骂是件毫不奇怪的事，因为父母们认为，这完全是为了孩子好，不然孩子怎么会改正错误呢？然而这只是家长的一厢情愿，几乎百分之百的孩子会认为，大人们这些无休止的唠叨与责骂，简直就是黑暗统治，特别是对一些有缺点的孩子来说，更是一场灾难。父母们也许不知道，没完没了的唠叨与责骂，会彻底击垮孩子的自信，会使孩子更加沉沦。

有时候，许多孩子丧失上进心，并不是因为他们不求上进，而是因为他们在取得一些进步并表现出自己有上进心的时候，被父母、老师所忽视。而当他们不经意地表现出一些缺点和不足之处时，却会遭到父母们不分场合、不讲分寸、不讲方式、无休止的呵斥打骂，或者是一而再，再而三的批评、唠叨。

其实，聪明的父母们应该知道，与其揪住孩子的缺点和毛病不放，不如多下些功夫，多发现他们的优点与长处，对孩子加以赞扬与肯定。用肯定优点的方法去纠正缺点，逐步将他们引导到积极上进的道路上来。

每个孩子身上都有了不起的地方，都有闪光点。作为父母，应该抓住这些闪光点，使它成为孩子进步的启动点，用这小小的星星之火，点亮孩子智慧的火炬。每个孩子都能迸发出点亮智慧火炬的火花，认真对待每一颗心灵迸发出的火花，抓住它，强化它，也就是说努力去发现、鼓励、扩大孩子的每一个优点，把每一个优点都当作潜在的启动点。

看问题的着眼点不同，会得出完全相反的结论。家长们能多肯定孩子的优点，而不是揪着孩子的缺点不放，那么孩子一定会更好地调整自己的行为，向着父母期望的方向发展。

过于苛责，孩子容易变"坏"

父母过多的斥责、严厉的管束不但会束缚孩子的主动性，也会扼杀其心灵的创造精神。

有一位很好的中学教师。她教育的学生遵纪守法，成绩好。她在家中对子女的要求也甚严。孩子在家时不能大叫大吼，吃饭时不许说话，坐在椅子上背必须挺直，家规一套又一套。孩子不留神，稍有过失，她就斥责。由于她长年对孩子进行这种模式的训练，孩子虽然是变得听话了，对人也彬彬有礼了，但却也变得拘谨、怕事、被动。

有一天，她的学校里举行观摩教学，中午她未能回家。孩子中午放学回来，就坐在沙发上等母亲。整整一个中午母亲没有回来，没有给他们做饭，他们也就饿了一个中午。下午放学回来，母亲问 12 岁的姐姐：冰箱里有速食面，为什么不取出来泡了吃？

两姐弟却说："你没有讲呀！"

同样的情形，有一次那位教师在做菜，发现酱油瓶里没有酱油了。而家里又适逢有客，菜不能马虎，于是她只得叫她的女儿上街去买酱油。不巧，那天杂货铺盘点，关了门，只在门前摆了一个小摊。小摊上没有瓶装酱油，只有塑料袋包装的，半斤一袋、一斤一袋的均有。由于母亲没有吩咐可以买袋装酱油，女孩不敢买，结果空了手回去。

这些孩子之所以在多彩的生活面前显得这样没主见，主要是因为他们在家中常遭父母的斥责，父母管得过严，而形成了怕事的被动习惯。

这些孩子只知道听从大人的吩咐，自己从没有主见，也不敢有自己的见解和要求。他们既没有自己独立的思考能力，也没有自己的判断力，当然也就更谈不上有什么创造性了。

斥责是父母在孩子出现不当行为时常用的一种方法，不恰当的斥责，往往会给孩子的发展带来负面影响。主要表现在：

（1）影响孩子独立性的发展

在父母看来，斥责孩子是为了管教孩子，而管教孩子就是为了让孩子听话，因此经常强迫孩子照父母的话去做，否则就开始声讨。这很容易使孩子变得被动、依赖，遇事只会等待大人的指令，不敢自行做出判断，唯恐做错事情遭到斥责，这不仅会影响孩子独立性的发展，对孩子思维能力和创造力的培养也极其不利。

（2）伤害孩子的自尊心

斥责的语言往往会伤害孩子的自尊心。在父母一次次的斥责声中，孩子会渐渐习惯这些词语，从而变得麻木不仁，缺乏自尊心。这正如有人指出的："那些被认为没有自尊心的孩子，是外界没有给他们提供使自尊心理健康发展的良好环境。他们的自尊心是残缺的、病态的，他们是斥责教育的受害者。"

（3）削弱孩子自我教育的能力

从表面看，遭到斥责的孩子很快表示服从，似乎问题得到了解决。但事实上，孩子考虑的只是斥责给自己带来的痛苦体验，而对自己的过错行为本身却很少自我反思，因此斥责反而会削弱孩子自我教育的能力。

最糟糕的一点是，不恰当的斥责还可能使孩子变坏。前面已谈到，管教过严或过多的斥责可能引起子女的反感，甚至憎恨。那是危险和可悲的。但是另外还有一种危险，那就是孩子对斥责置之不理，虽然口头上不反抗，但内心不服。你越骂我越要做；你越不喜欢，我越要做。

美国著名儿童心理学家曾对父母的责骂是否对孩子成长有所影响进行研究，他把父母责备孩子的不良态度分为下列几种，并且举出了一些会使孩子变坏的责备方式：

难听的字眼——傻瓜、骗子、不中用的东西。

侮辱——你简直是个饭桶！垃圾！废物！

非难——叫你不要做，你还是要做，真是不可救药！

压制——不要强词夺理，我不会听你的狡辩！

强迫——我说不行就不行！

威胁——你再不学好，妈就不理你了！你就给我出去！

央求——我求你不要再这样做了，行吧？

贿赂——只要你听话，我就给你买一辆自行车。或者只要你考到一百分，我就给你一百元。

挖苦——叫你洗碗，你就打烂碗，真能干，将来还要成大事哩！

这种恶言恶语、强迫、威胁甚至挖苦，都是一个年轻母亲在气急的时候，在恨铁不成钢的情况下，训斥子女时常采用的方法。但是，它们通常也是最不能为孩子，尤其是有些反抗性或自尊心强的孩子所接受的。它们不但不能把孩子教好，还会把事情弄僵，在不知不觉中给予孩子不良的影响。至于央求和用金钱来诱惑更是只会把孩子引上邪路。

这些原则谈起来简单，就是在孩子做得好，做出了成绩时，要及时肯定和适当地赞扬，鼓励孩子继续进步。当孩子做错了事或闯了祸的时候，做父母的一定要冷静，查明事情原委、弄明事情真相，然后再责备。

为了避免斥责带来的负面效应，父母要尽量少用斥责，确有必要进行斥责时应注意以下 3 点：

(1) 尊重孩子的人格

大人往往觉得孩子小，什么都不懂，殊不知孩子是正在成长中的人，他们对周围的人和事会有自己的认知方式和情感倾向，也需要别人的理解和信任。我们只有尊重孩子，用科学民主的方法对待他们，才能把他们培养成有高度自尊心和责任感的人。因此，斥责孩子时一定要注意场合和分寸，切莫在大庭广众之下训斥孩子，也不要说粗鲁、讥讽孩子的话。

(2) 让孩子知道自己为什么受斥责

由于孩子年龄小，知识经验少，能力有限，因此常常会惹出这样那样的事端来，父母应实事求是地加以评价，讲道理，同时应帮助孩子分析原因，引导他自我反省。

(3) 告诉孩子正确的做法

斥责本身只是一种教育手段，而不是教育的目的，教育的目的是使孩子今后不再犯同样的错误。因此，父母在斥责孩子的同时还要耐心地教给孩子做事的方法。最好是暗示，让孩子自己去思考、去判断，通过自己的努力加以改进。

偏见与标签，毁掉了孩子的努力

偏见对一个人的影响是非常大的，有了先入为主的印象后，你就很难正确地评价一个人。在教育子女这方面，家长尤其要留神，千万不要带着偏见去教育孩子。

佐佐是小学四年级的孩子，他很聪明，就是不爱学习，不仅如此，有时候他还喜欢耍点小聪明。比如，有一次他就把成绩册上的 39 分改成了 89 分，惹得父母又气又恨。有一段时间，佐佐看了几本科普书，他觉得自己应当努力学习，长大后当个科学家，想去研究机器人什么的。于是佐佐开始努力学习，结果在期中考试的时候，竟然由倒数第 3 名前进到了第 9 名。那天，他兴冲冲地拿着成绩单冲回家里，结果父亲在反复检查了成绩单的真伪后竟然说："成绩不错，抄同学题了吧？"妈妈也在一旁皱着眉头说："佐佐，作弊是最可耻的，知道吗？你怎么越学越坏了呢？"

"爸爸妈妈，你们怎么这么说我？"满心等待父母表扬的孩子，心情一下子坠入谷底，哭着跑回自己的房间。从此这个孩子放弃了努力，他的学习成绩又跌回原来的水平，因为对他来说，成绩固然重要，但尊严更不容践踏，这不仅是父母的悲哀，更是孩子的悲哀。

由于父母平时对孩子已经有了"成绩差"这样一种先入为主的印

象，在孩子进步后还是以原来的标准去评价孩子，对孩子形成了错误的认识，结果既伤害了孩子的自尊和进取心，也影响了父母在孩子心目中的形象，孩子会觉得父母因为成绩差就打击我，这说明他们不是真的爱我。

然而很多家长都不自觉地对孩子形成了一种带有偏见的认识，尤其是对那些以前"公认"的"坏孩子"。大人们的这种偏见是对孩子心灵的暴力，严重地阻碍了孩子愉快健康地成长。

更糟的是有些家长，一旦发现孩子在年幼时有不聪明的表现，七八岁时有蠢笨的举止，便断言："这孩子脑袋太笨了，这么简单的问题都不会，甭指望他有出息了！"与错误的失望情绪随之而来的，就是父母对孩子的爱骤然降温，从此，孩子则随时能够领教父母的责骂与轻视。其结果，肉体施暴，伤及皮肉；心灵施暴，损毁自信。受伤的皮肉会很快康复，受伤的心灵却可能一辈子也难以愈合。

父母们都应当认识到，偏见是对孩子心灵的暴力，在教育孩子的问题上，家长不应对孩子抱有任何成见，任何时候都不该有"这孩子注定没出息"的错误思想。否则这种伤害孩子心灵的态度会严重伤害孩子的自尊心，既不能使孩子充满自信，也不利于孩子其他方面的发展和成长。

所以，如果一个平时调皮捣蛋的孩子，突然收敛了往日诸多"捣蛋"的行为，变得安静温顺起来，那么家长和老师就应该相信孩子的变化，赞赏孩子改变自己的勇气和他的上进心，因为这很可能是因为某件事情给他带来了触动。家长每天都应该以全新的眼光来看待孩子，千万不要用旧有的心态评判他们，要知道成长中的孩子可塑性极强，过去不等于现在，更不等于未来。

孩子在成长过程中，可能会出现很多出人意料的转变，因此家长不要带着偏见教育孩子。要包容孩子，让孩子感受温暖、感受希望，这样孩子才能健康地成长。

嫌弃性话语总让孩子自暴自弃

父母往往觉得自己的孩子比较聪明、懂事，因此对自己的孩子多有赞赏。正因为如此，我们中国人又有一句古话："母不嫌子丑。"别人看来不好看或不聪明的孩子，在父母的眼中却总是聪明可爱的。

可有些父母恰恰相反，他们不但不去真正地关爱、鼓励自己的孩子，而是贬低孩子，甚至嫌弃孩子，不惜用负面的评语打击孩子的自信心。

这是一种令人痛心的行为。心理学研究表明，树立一个人正面的自我意象（selfimage）是形成孩子正面人格、良好行为的前提。毁坏孩子在自己心目中的形象是让孩子走上歧路，成为败家之子的重要原因。心理学研究认为，这种"说你行，你就行，不行也行；说不行，就不行，行也不行"的现象，其原因就是孩子长期受到这些话语的影响，就会在心理形成正面或者负面的自我意象，久而久之，就会固化成为他们的行为特点了。如果嫌弃孩子，他就可能因此自暴自弃，真的变成笨拙的孩子甚至坏孩子了。

前几年的报纸曾经报道过一个中学生自杀的新闻：

那个自杀的孩子是一个中学学生，他天生比较迟钝，但是性格倔强，而他的弟弟却与他全然不同，大脸大眼，一副聪明相。两人在一个学校读书，哥哥原比弟弟高两年级，后因功课一直学不好，三年内降了两级与弟弟同班。也许正是由于他读书读不进去，长得又没有弟弟好看，所以母亲对他产生了厌烦的感觉。每次看到他作业错误满篇时就会情不自禁地唠叨起来："我怎么会生出你这么一个又蠢又丑的笨蛋?! 真不知前世造了什么孽。"

这个孩子虽然迟钝，但是对这些话还是听得懂的。他因此对自己前途完全失去了信心，再加上在家中得不到父母的疼爱，他竟吃安眠药自杀了。孩子死后，据说母亲也十分伤心，但悔之晚矣!

父母的一句话是能对孩子产生莫大影响的。我们常听到的"你怎么这么笨""你的脑筋真差劲"这些责备的副作用很大，会使孩子自认为"脑筋差劲"，于是心灰意懒，什么事都不想做，更不想读书，对读好书没有信心。

所以不论是头脑还是容貌方面的缺点，都不应成为父母责骂孩子的原因。我们常见到这样一种母亲，那就是刀子嘴，豆腐心。是的，她们心疼自己的孩子，对孩子生活上关怀备至。孩子在外面如果受了顽皮孩子的欺侮，她们会心疼得说不出话来，总要去讨一个公道。但是当她们自己的孩子不读书或不听话时，她们也什么话都骂得出，好像要骂了才痛快。因而她们时常骂些过分的话："你怎么这么蠢呢? 什么功课也不会做。你真是蠢死了!""这么蠢，还不如死了的好! 真把我气死啦!"

骂过了，她自己气消了，对孩子又爱护如前。但是她不知道，也从未认识到她这种刀子嘴对孩子心灵的伤害有多大！所以，父母在责骂孩子时一定要冷静，要克制！

别人家孩子，是多数孩子的噩梦

生活中，我们常见到有些父母抱怨子女说："为什么欣欣考得比你好呢？"

"你看看人家璐璐，每门成绩都一百分！你为什么就不能向好孩子学学？"……

这就是父母常用的比较，他们习惯于拿他人的优点来比较自己孩子的缺点，也许他们是出于想要激励孩子的好心，但孩子怎能承受如此的不被肯定，而且还是来自自己的父母。通常的结果是，比来比去，把孩子的自信心和自尊心都比没了。

有调查表明，近三分之二的家长喜欢夸奖别人的孩子。这样做往往出于不同的动机，有的是为了刺激孩子，让他为自己感到羞耻；有的是为了激励自己的孩子进步；有的纯属向自己的孩子发牢骚，嫌自己的孩子不争气。无论何种情况，只要家长的比较包含着对自己孩子的贬抑，都是对孩子自尊的一种伤害。

丹尼尔是个内向的孩子，从小生活在祖父母身边，祖父母有他们自己的工作要做，没有多少时间注意丹尼尔，因此丹尼尔就越来越沉

默，整天一副心不在焉的样子。后来丹尼尔又回到了父母身边生活，但爸爸脾气暴躁，常常会责骂他。而最让丹尼尔难过的就是，爸爸总喜欢用比较来证明他有多没用。"你简直白活了 8 岁，看看你的成绩，真让我为你感到难过。你看看隔壁的唐纳德，他和你念同一年级，年龄比你小 2 岁，可成绩却是你的 3 倍！"丹尼尔的学校举行游园会，邀请家长一起参加，孩子们为家长表演了一场舞台剧，唐纳德是主角，他打扮成王子站在舞台中央，而丹尼尔则扮演一位端水的仆人，而且由于紧张，丹尼尔还在舞台上摔了一跤，惹得家长们哈哈大笑。回到家以后，丹尼尔的父亲又开始责骂起儿子来："怎么搞的？你为什么要在大庭广众之下丢人！看看人家唐纳德，打扮成漂漂亮亮的王子！你呢，扮演卑微又丢脸的仆人！你为什么就不能学学唐纳德……"在父亲的责骂声中，丹尼尔脸色惨白地缩在椅子上，心里只有一个想法：我真恨不得杀死唐纳德！没有他，爸爸就不会再这样责骂自己了。

丹尼尔的父亲认为比较可以促进孩子进步，然而这只是他一厢情愿的想法。在丹尼尔看来，父亲的消极比较就是对他的否定，是厌憎他的表现，他甚至因此产生了偏激的想法。

拿别人的优点来与孩子的弱点比较，是一种消极的比较法，只能在孩子心里播下自卑的种子。家长越比较，他就越会感到自己是个"无用的人"，从而陷入"自我无价值感"的深渊，产生对什么都不感兴趣、破罐子破摔的心理。

竞争是重大压力的来源之一，它会打击人的信心，使本来已有的能力无从发挥。因此，自小便培养孩子与人相比的想法是很不健康的，结果往往是孩子变得更脆弱，经不起挫折和失败。我们要注意的是培养孩子克服挫折和失败的勇气，而不是使其成为竞争的牺牲品。

当众揭短，孩子怎么抬头做人

孩子们会做错事，因为孩子们不可避免地会有缺点，而且这些缺点也正是造成他们挨骂或父母唠叨的原因。责骂也好，唠叨也好，最好就让它们停留在家庭的范围里。

但有的父母有时喜欢对邻居和客人们讲："唉，我这个孩子就是不读书，功课总是不及格。"或者："我这个孩子就是喜欢说谎，真是气死人！"父母这样说，可能出于无心，只是一时气愤或心血来潮，但这样在外人面前张扬孩子的缺点，丝毫无助于对孩子的教育，而只会伤害孩子的自尊心，使他无地自容，在人前抬不起头来。

另外，在邻居和几个好友相聚时，有的人喜欢对主人的孩子夸奖几句。这通常是一种客套。可有的母亲为了表示谦虚，在听到赞美时总爱说："唉，我这个孩子任性得很，不太听话！"或者："都小学五年级了，还娇气得很，什么事都要做母亲的督促！"如果孩子没有这些毛病，只是为了谦虚，母亲这样说就不对，即使孩子真有这些缺点，也不应向外人张扬。

孩子到了一定的年龄，他们知道自己的缺点，他们有羞耻心。自己的缺点家人知道没有什么，但让外人知道，面子上就觉得过不去了。因而这样会使孩子产生羞辱感，令他们自惭形秽。所以，父母在与外

人谈到自己的子女时绝不要揭短。因为父母无意间向外人讲自己孩子的缺点，无异于向第三者说他并非一个好孩子，极端不利于对孩子的教育和孩子的健康成长。相反地，作为父母，要对孩子的点滴进步时刻加以肯定。譬如在外人赞美自己的孩子时，父母可以说："是的，我的孩子最近进步很大！"这样孩子觉得光彩，同时也会更加奋发向上。具体应注意以下要点：

（1）不要否定孩子将来的发展

我们有的父母在孩子不听话、屡教不改，或者不认真读书、不做功课时，气急了，就会骂出一些令人泄气的话来："你是一个十足的废物！""你将来还会成个什么有用的人？鬼都不信！""你还想有什么作为，做梦！"

父母一时的气话却足以构成对孩子终身的伤害，因为它截断了孩子对自己将来的希望和美好的憧憬。一个人对前途失去了信心，一个没有信心的孩子，他还能好好读书吗？读了书干什么呢？

社会调查显示，不少青少年犯罪就是因为在家受到父母的蔑视，从而产生了挫折感，于是产生了破罐子破摔的想法而自暴自弃。这是因为不论孩子的年龄大小，父母对他们前途的否定都会对他们造成极大的打击。尤其是稚龄的孩童，父母讲的话对他们更具有绝对的权威性。

一个人的前途是很难预料的。今天有许多企业家在 30 年前或者 20 年前还是农家子弟，有的甚至在念小学或中学时也是成绩不好的孩子。这是因为一个人的成长，除了取决于主观的因素外，还取决于外部条件和环境，那就是机遇。而一个人的才能又是多方面的，有的人不会读书，但可能精于经营。何况一个孩子未来的人生道路还长得很呢！一个人不管现在多么平淡无奇，只要对将来抱着"前途大有可为"

的希望，就会激起无穷的力量。这也就是俗话所讲的："不要把人看扁了！""不要把话说绝了！"

（2）鼓励孩子争取成功

孩子面临一个新的挑战的时候，往往会对能否取得成功产生焦虑。焦虑是各种年龄的孩子都会产生的，父母的任务是采取有效措施，化解孩子的焦虑，增强孩子的成就动机，使孩子取得成功。

要点如下：

①不要从负面去暗示孩子

孩子产生紧张或焦虑的时候，父母千万不要用自己的言行去暗示孩子，使他们更加紧张。孩子感到为难或焦虑的时候，父母应该使自己保持平静。比如孩子要去参加演出、比赛或考试时，父母必须做到心平气和，既不要自己紧张，也不要老对孩子讲"别慌""别紧张"。研究证明，这一类的言语具有很大的暗示性，常常会使孩子更加紧张。

②用孩子的成功经历去鼓励孩子

父母要善于使用孩子过去的成功经验去鼓励孩子，这是很重要的。事实证明，成功的经验可以极大程度地加强一个人的成就动机，增强一个人克服困难的信心。当孩子面对一个新的挑战的时候，父母可以帮助他们回想起以前类似活动的成功体验。这类成功的经验与当前活动的时间越接近，这种激励作用就越大。

③给孩子一个惊喜

为了确保孩子成功，在必要的时候，父母可以给孩子一个意想不到的奖励，比如送给他一本新图书，或请他吃一顿快餐，或给他买一样他很希望得到的物品等。这对于缓解孩子的紧张情绪、增强成功的动力都是很有效果的。

揭孩子旧伤，孩子会再次受伤

很多家长只知道自己要自尊、要面子，却忽略了孩子的自尊心，当众讲述孩子过去犯的错或孩子的 事，你知道你的每一句话对此刻在身边听着的孩子而言有多刺耳吗？

吕涛和吕波是双胞胎兄弟，但是两个孩子无论是性格还是学习情况都有很大的差异。一天，刚放学回家，吕波就跑到妈妈跟前，急着跟妈妈说："妈妈，我跟你说一件事。""哦，什么事？"妈妈疑惑地问道。吕波说："妈妈，你知道哥哥这次数学考了多少分吗？他考了14分。他一定不敢告诉你。你可千万别和他说是我告诉你的啊。"

听到这话，妈妈心一沉，14分？这是怎么考的啊？又转头问吕波："那你考了多少分？""我考了91分，全班第三名。比上次前进了2名呢。"吕波骄傲地说。妈妈的气也是不打一处来，心想：都是自己的孩子，怎么差距这么大啊，一定是吕涛平时不好好学习，回来得好好教训他一顿。

十几分钟后，吕涛也背着书包回来了。一进门，妈妈就迫不及待地问："涛涛，你最近考试了吗？""没考。"吕涛低着头，不敢看妈妈。"弟弟怎么说考试了呢？赶紧把试卷拿出来让妈妈看看。"妈妈催促道。

吕涛把手伸到书包里翻了半天，可还是没有翻出试卷，最后眼圈竟然红了，眼睛噙满了泪水，非常窘迫地站在原地。那一刻，妈妈的心也软了，考这样的成绩，同学老师肯定嘲笑他了，就连弟弟都回家给他告状，言语之中满是嘲讽，他哭了就说明知道错了，自己又何必再揭他一次伤疤，让他难受一次呢？如果这个时候逼儿子把试卷拿出来，之后再教训他一顿，只能会增加他的痛苦，让他更加厌倦学习。

于是，妈妈把吕涛拉到跟前，语重心长地说："这次考了多少分妈妈就不问了，下次一定要让妈妈看试卷，好不好。妈妈知道，你非常聪明，只要努力，学习成绩肯定上得去。"此刻吕涛再也忍不住，扑在妈妈怀里哭了起来。从那天起，不管弟弟出不出去玩，他都会在家里认真地研究数学题。一个月后的月考，吕涛的数学成绩考了 70 分，整个人也变得自信起来。

家长总会在平时忽略掉孩子的自尊心，其实无论在什么情况下，都不应该当着很多人让孩子出丑，尤其是不能在别人的面前揭孩子的旧伤疤。一位儿童教育专家曾经说过，家长如果不对孩子的过错大加宣扬，那么孩子就会对自己的名誉看得很重，在他们的心里，会觉得自己是一个有名誉的人，所以就会十分小心地去维持别人对自己的评价。而如果家长当着众人的面来教训数落孩子的话，就会使孩子感觉到羞愧与失望，甚至会感觉到无地自容。这个时候他们会觉得自己的名誉受到了打击，所以也就不会再想方设法地去维持别人对自己的好评了。

有时候家长总是会有意无意地说起孩子以前的一些不适当的行为，也可能是某一件糗事，说孩子当初做某件事情的时候有多么多么幼稚，而某件事情又是多么多么的无知，还可能会不止一遍地提起当初他做过的一件令家长感觉到不放心或者是后怕的行为。家长的这种做法有时候可能是为了提醒孩子，希望他能够注意；而有时候则是为了能够在与孩子争论的时候为自己增添一些气势，以此来压制住孩子。不过

无论是出于什么样的目的，家长都不应该去揭孩子的旧伤疤。那么揭旧伤疤对孩子都有哪些危害呢？

（1）揭旧伤疤会伤害孩子的自尊心

每个人都有自尊心，有的人自尊心强一些，有的人自尊心弱一些，不过不管是强还是弱，没有一个人希望自己会受到伤害，特别是被自己最亲近的人伤害，那种痛感留在心里是很难抹平的。我们和最亲近的人相处时间最久，彼此了解最深，都觉得最亲近的人是爱自己的，从来不会相信他会伤害自己。因为心理上没有防备，所以当这种伤害发生的时候，心里的感觉就会十分的痛。在家里揭孩子的伤疤是一回事，而在外面当着别人的面揭孩子的伤疤又是一回事。和前一种相比，后一种带给孩子的伤痛更大，有时候甚至会使他对家长产生恨意。可能家长会说自己明明是一番好意，想要时刻提醒孩子过去的错误，让他不要再犯类似的错误。可是结果却往往会相反，不仅达不到家长的预期效果，还会伤害孩子的自尊心，使彼此之间的交流变得紧张困难起来。

（2）会打击孩子的自信心

这个世界上并没有完美的人，而所谓的完美只是人们的一个美好的愿望，人们可以通过努力去向着完美奋斗、争取，但却永远也不会达到。我们每个人过去都有过不恰当的一些行为，而且将来也会时不时地发生一些。这些错误无论大与小，都会陪伴着我们的日常生活，没有一个人可以一生都不犯错误。孩子的年龄小，社会阅历不够，心智上也还没有完全成熟，所以偶尔犯一些错误也很正常。随着他年龄的增长，他自己也会意识到过去有哪些行为不恰当，做得不够好，孩子是有自省能力的。可是如果家长总这样有意无意地对他过去的不当行为拿出来"翻旧账"，想以此来提醒孩子的话，就会严重打击孩子的自信心。结果只能是让孩子觉得自己不够好，一点也不优秀，总是犯错误，不能够让家长满意。时间长了以后，孩子对自己的认识就会受这些家长时常提起的"伤疤"干扰，觉得自己能力太差，这样的话以后再遇到事情的时候就会没有信心去完成。

（3）不利于孩子的身心健康与发展成长

在孩子的成长过程中，对他起到最关键作用的莫过于家长，家长的认可与鼓励是激励孩子向上的一个最重要的力量。如果家长很少鼓励和肯定孩子，而是用这种"提醒"的方式的话，只会伤害到他的自尊，打击他的自信心。如此一来，孩子在成长过程中从家长那里获得的支持与力量就会变得很少，自己原来拥有的那种激情与热血也都会因为抗击家长的这种伤害而消磨殆尽。久而久之，孩子与家长之间的这种关系就会变得敏感而僵化，影响到他的成长。

5种气话，最伤孩子自尊心

每个家长都曾责骂过自己的孩子，每个孩子也都曾遭受过家长的责骂，这也是一种很平常的现象。但是，如果父母在气头上口不择言，所说的话超过了孩子的承受能力，那么，这就是孩子成长的"毒药"了。

因为大部分小孩子自出生开始都有一种潜在的不安全感，唯恐父母不喜爱自己。孩子一旦有了双亲嫌弃他或不喜爱他的感觉，就很容

易放弃自己或走向极端。小孩子的性格是敏感和脆弱的，这种伤害对他们尤其难以排解。

经常遭受"语言伤害"的孩子，心灵会逐渐扭曲，即使成年以后也会出现较多的行为障碍和性格弱点，难以适应社会。所以为了孩子的健康成长，家长们要对不良语言的严重后果予以高度关注。

在日常生活中，家长对孩子伤害最深的 5 句话是：

（1）为什么你不能像 ××× 那样呢?

如果一个孩子总是比起来不如人家，他就很可能开始憎恨其他的孩子。所以，家长最好不要去比较你的孩子，而是去真正弄清楚你究竟希望孩子做些什么。是希望他的房间更整洁呢? 还是要他在饭桌上表现得更为懂事呢? 把你的注意力集中在那些你最希望孩子改变的行为方式上。一旦孩子懂得父母所要求他改变的只是他做某种事情的方式，而不是要改变他这个人，他就会在大人面前有更多更好的表现。

（2）有时候，我真希望没有你这个孩子

这句话对孩子的伤害最深，随着孩子的长大，他会将这种看法一同带入社会，并且直到成年之后。

如果你因为烦透了而不禁感叹："我真希望从来就没有你这样的孩子。"你倒不如这样说："有时候你让我非常生气。"更好的做法是在事情还没有弄到最为糟糕之前，设立一定强制性的规章制度。这样，孩子们就知道了父母对他寄予了怎样的希望，他就会有更佳的表现。

（3）你让我一个人待会儿好不好?

所有的人都希望有空闲时自己能够独处一会儿。然而，任何一句对孩子气愤的排斥和驱赶的话语都会使其感到自己不为父母所需要了。

当你确实需要时间独处时，不妨这么说："宝贝，我很爱你，但我这会儿正忙着呢。"这就让孩子领悟到过一会儿你就会和他在一起；但如果他坚持要你和他在一起，你可以这样说："你如果再打扰我，你就只能回你自己的房间了，因为现在是我的私人时间。"用这样的方式来处理，事情就会变得有规有矩，而不只是拒绝和排斥了。

（4）闭上你的嘴

这样的话语给予孩子的深刻印象就是你并不关心他的意见，他由此开始把自己看成是那种没有什么能供人参考的无用之辈。如果你希望你的孩子有礼貌，那么你就应该对他们有礼貌。既不该对同辈人说"闭嘴"，也不应该对你的孩子们说出这样的话。

（5）我告诉你的老师和同学去

如果孩子实在不听话，家长在小时候会吓唬他们说："让警察把你带走！"上学后又会威胁他们说："我要把你这件丑事告诉老师和同学。"这样的话会让孩子怀疑妈妈对自己的爱，感觉到来自他人的羞辱，这会激起他们的激烈反抗，或者干脆把老师和同学已经知道这件事的假设当成事实而自暴自弃。

有时候，尽管孩子让我们恨铁不成钢，气不打一处来，可是冷静下来想一想，我们的目的，只是让孩子悔改、上进，而不是对他们全盘否定，更不是不爱他们了。那么，为什么我们就不能多一点宽容和爱心，给孩子以正面的疏导而不是负面的打击。

家长们，千万别对孩子说气话，也许你只是一时的生气，口不择言，说过了，气消了，也许就把当时的气话给遗忘了。而孩子却是极其敏感的，他会因为你一时的气话受到严重的伤害，甚至无法释怀。而这样的气话，把孩子的错误严重化，扩大化，不仅不会让孩子认识到自己的错误，更会让孩子产生抵触心理。

也许你在虐待孩子，只是你还不知道

心理学上有一个术语叫心理虐待。把心理虐待一词用在父母身上有些耸人听闻，其中一些虐待是故意的，法律上明确规定了的，比如毒打；有些则是没有明确法律规定的，但是这些行为对孩子的身心发展很不利，我们也称之为虐待，包括精神上的虐待。

所谓"心理虐待"又称"心灵施暴"或"情感虐待"，是指那种在幼儿教育过程中有意无意地、经常性或习惯性地发生的伤害性的言行。心理虐待对儿童造成的伤害不像体罚那样显现在外表，在短期内难以看到其负面影响，因此不易引起人们的注意，更难以对其进行量的统计。然而心理虐待给儿童造成的伤害与体罚一样严重，甚至还大于体罚所造成的伤害。

目前最令人悲哀的是这样一种现象：父母往往物质上对孩子无微不至，而在心理上对孩子却很吝惜，甚至刻薄。

例如以下的做法，对孩子的精神发展非常不利。

(1) 对孩子冷漠

爱的剥夺对孩子的心灵伤害至深。有的父母不会缺了孩子的吃穿，却对孩子不管不问，不拥抱孩子，不和孩子一起玩儿，视孩子为负担，把孩子扔给保姆或者爷爷奶奶。这样条件下长大的孩子感到生活根本就没有意义，对人缺乏信任，冷漠，破坏欲强，容易和其他遭遇相似的孩子混在一起，形成犯罪小团伙，也容易被其他的成年犯罪分子所谓的关心拉下水。一个缺衣少食、干重活的孩子，如果有温暖的家庭，不会造成心理上的不健康，而如果情况相反，孩子的人格发展极有可能出现问题。

（2）隔离孩子

美国曾经有一个极端的案例：一个出生后 1 年多就被关在小厕所的女孩，在 10 多岁被发现时，身体发育、智力发育只相当于几岁的孩子，连说话都不会。现在有些父母担心孩子外出不安全，把孩子关在家里，孩子孤单得不得了。在幼儿园、小学阶段，孩子们就可能受到人际关系问题的困扰。

（3）剥夺孩子玩游戏的权力

孩子的天性就是爱玩游戏，在游戏中，孩子会得到快乐。现在的父母往往对子女期望很高，让孩子每天都是要么做作业，要么参加各种各样的辅导班，让孩子每天忙得喘不过气来。不让孩子玩儿的另一个后果是导致孩子厌倦学习。父母剥夺了孩子游戏的快乐，也使得学习中发现新知识的快乐变成了负担。

（4）忽略孩子的进步

在孩子看来，每当他取得一点进步，就值得好好高兴一番。有的父母不懂从孩子的角度来看问题，或者担心孩子听到表扬之后骄傲，就老是批评孩子，不把孩子的进步当回事儿。久而久之，孩子也会认为自己真是没有用，丧失进步的动力。

（5）损伤孩子自尊

有些父母在孩子的同伴面前，毫不留情地数落孩子，揭孩子的短，让孩子感到无地自容，这也容易让自己的孩子成为小伙伴们嘲笑的对象。社会心理学有个术语叫作"标签效应"，意思是说，对人的看法就

像给人贴了一个标签一样，使得此人以后做出与标签相符合的行为。父母当众说孩子调皮不听话，就是给孩子贴一个标签，以后即使孩子有了改变，别人对孩子的看法还是很难改变。

（6）迁怒于孩子

有的夫妻因爱成仇，离婚后不许孩子和另一方接触，在孩子面前辱骂另一方。孩子看到自己最亲爱的两个人如此相待，哪里还会相信有真正的关爱？还有的夫妻每当看到孩子就想起对方，不由得怒从心中来，责骂孩子，孩子会觉得自己是多余的。这样的孩子缺乏安全感，容易出现行为问题，将来到了谈婚论嫁的年龄，虽然心中渴望爱情，但是又心怀恐惧，在感情问题上非常敏感，也容易出现问题。

（7）破坏孩子心爱的东西

小孩子往往有个百宝箱，里面装满了他心爱的东西。另外，孩子对小动物的喜爱、亲近更是一种天性。然而父母在看待这些东西时却不以为然，丝毫不放在眼里。

有的父母不仅自己动手，有时还逼着孩子亲自扔掉、破坏掉这些东西。现在的孩子多有玩具、宠物，有时候它们扮演了孩子的朋友的角色，孩子无微不至地照顾宠物，对玩具娃娃小心呵护，实际上是在锻炼如何去关爱他人的能力。

很多父母都抱怨，孩子长大后不知道如何爱别人，不懂得体贴别人，却没有想一想，在孩子小的时候，父母有没有有意识地引导他如何关爱？

不要以为心理虐待没有什么要紧，其实这造成的伤害甚至还大于体罚所造成的伤害。缺乏父母关怀爱抚和鼓励的幼儿比遭到父母体罚的幼儿，其心灵所受到的创伤更深，智力和心理发展所受的损失更大。遭受心理虐待的孩子更容易误入歧途，诱发严重的社会问题。

CHAPTER 03

平等式沟通：
爸妈蹲下说话，孩子才愿意听话

时至今日，有些家长依然抱着那种"是我的孩子就得听我的话"的陈腐观念，一味要求孩子顺从。这种模式教育出来的孩子，往往自卑感强，缺乏自尊、自信等宝贵个性。好的教育，应该与孩子建立平等的沟通平台，尊重他们的想法，感受他们的心情。

每个孩子都需要尊重与信任

有一位爸爸当过三十多年老师，却犯了一个令他追悔莫及的错误。一天，他发现儿子在自己的屋子里烦闷地走来走去，非常替孩子着急。他隐隐觉得，儿子可能在恋爱中碰到了什么挫折。他暗暗祈祷：儿子啊儿子，你可要有点出息，别为这么点事想不开！一会儿，儿子出门了。

爸爸再也按捺不住急切的心情，想方设法撬开了儿子的抽屉，取出了儿子的日记。可是，当他翻开日记时，手却像被烫了一样，原来儿子在日记中夹了一张纸条，上面写着："爸爸，我料定你会来偷看我的日记，我有烦恼是自己的事，你不必管我，我能挺过这一关！"

这位爸爸说："道高一尺，魔高一丈。我低估了孩子的能力。还是应该尊重孩子啊。"

尊重孩子，是因为孩子一出生，就是一个独立的个体，并且被认为是一个权利主体。他不是父母的附属物，他们的人格尊严受国际、国家和地方各种法律法规的保护，所以父母应该尊重孩子。上面这位父亲认为孩子能力高，才意识到要尊重孩子，其实是不正确的。从法律角度讲，无论孩子是否有这种"能力"，他们都应该得到尊重。

从另一角度说，只有被人尊重，孩子才可能获得自尊，并可能学会尊重别人，而自尊和尊重他人是成为一个具有健康人格的人的首要条件。

由于孩子年幼，自尊意识处于萌芽状态，特别容易受到伤害，所以更应当给予保护。可以说，是否尊重孩子将对孩子一生的发展起重要作用，值得家长们予以特别的重视。要知道，没有信任就没有教育。

毫无疑问，每个家长都喜欢自己的孩子，但能否信任孩子却成了一个未知数，因为许多孩子的行为令家长们不解甚至反感，这怎么谈得上信任呢？

譬如，当你的孩子考试考砸了，你会相信孩子的陈述吗？你会不会怀疑他贪玩儿不用功？或者怀疑孩子智力有缺陷？

我们发现，每逢考试过后，常常听到家长训斥孩子："你这是怎么学的？连这么容易的题都不会，简直是猪脑子！"甚至，有的父母真带孩子去测智商，有的父母送孩子去做感觉统合训练，谁知花了很多钱也不奏效。乃至一位参与过检测的心理学教授感叹地说："这个孩子没毛病，是父母有问题！"

心理学研究说明，在 0 ～ 14 岁的儿童中间，弱智儿童仅占 1.07%，而超常儿童则在 3% 以上。也就是说，98.9% 的孩子不存在智力问题，而是爱学不爱学、会学不会学、勤奋不勤奋的问题。即使是那 1.07% 的弱智儿童，经过适当的训练和热情的鼓励，也会有不同程度的进步。

所以奉劝家长们，当你的孩子考试成绩不理想时，一定要相信孩子，相信孩子自己也是很痛苦的，相信孩子也是非常愿意学好的，并相信孩子有能力达到自己所期望的目标。这种信任是非常重要的，因为它能使孩子在挫折面前镇静下来，得到精神上的鼓励。与此相似的问题是，当你的孩子闯了祸，甚至犯下严重错误之时，你是否会说他是坏孩子呢？

"坏孩子"永远是父母的忌言，相反，你应当对孩子肯定地说："你是个好孩子！"这是一种更符合儿童心理发展的教育思想。

事实表明，没有信任就没有真正的教育。父母应做到下面几点：

(1) 避免当众取笑孩子

孩子对自身的缺憾是非常敏感的。所以他们很不喜欢别人抓住他们的缺憾开玩笑，不管是恶意的，还是善意的。如果连父母也嘲弄他们，那更会在他们内心造成严重的创伤。家长要时刻注意，不要叫子女外号，诸如什么"矮冬瓜""竹竿""肉圆"等；也不可当着别人和孩子的面，大谈孩子可笑的往事，例如说他们常尿床、爱啼哭、太淘气、喜欢吃零食、胆子太小等。孩子大了，要把他们当大人看待，他们讨厌再提那些往事，应该满足他们这方面的要求。

(2) 不要侵犯孩子的隐私

每个人都有不愿意与人说的话，同样，孩子也有很多不愿意让父母知道的事。因此，家长们尽量不要去侵犯孩子的隐私，诸如翻他们的抽屉、看他们的信件、听他们打电话都是不恰当的举动。因为这将导致他们的怨恨，他们会恨父母侵犯了他们的隐私。

再者，父母也不应该对子女的生活管得过严或过于关切，例如看见女儿跟某个男孩交往，就神经兮兮，问这问那："你怎么认识他的？""他是什么人？""你们在一起讲了些什么？"也不管女儿愿不愿意回答。

父母不要认为应该与子女毫无间隙，对他们的事应该都知道得清清楚楚，这将使他们产生排斥的心理。正确的做法是要与他们保持一段适当的距离，并且要尊重他们的私生活，要帮助他们逐渐脱离父母，去过独立的生活。

（3）不要对子女说教不停

子女最不愿意听"我像你这么大的时候是如何努力的"这类话，他们一听到这类唠叨就烦，就避而远之。尽管父母出发点是好的，但他们不喜欢说教，他们不愿意听那些陈年旧事，而且也不相信父母曾经真的那么勤奋、努力，样样比自己好。

另外，家长在子女遇到问题时，不应该受他们的情绪左右，他们的情绪是愤怒、恐惧且困惑的，记住不可以也跟着发脾气、迷惑，那样就无法帮助他们。反之，应该冷静、拿出自己对事情的处理方法。

（4）避免在孩子面前议论、预测他们的未来

父母都喜欢拿孩子当话题，议论他们的过去，预测他们的未来，例如："李丹性格太内向了，不善说话，又不出众，看来不会有什么出息。""陈珊长得好，可是不爱学习，好做白日梦，经常想做这个，又想做那个，看她能做成什么？""彭松这孩子太调皮了！捣蛋成精，成绩又不好，长大以后只怕会成为社会的包袱。"

这些话不管是否出于真心，都不要当着孩子的面讲，不要以为孩子还小，不会理会别人说他们什么。实际上，孩子听了会很不舒服，而且会在潜意识中不知不觉地照父母对他们的评价去做。

（5）不要刺激孩子

"要你把东西放在固定的地方，不要乱丢，你总是不听，真是一辈子也改不了你那坏毛病。"

"我刚才讲的道理，你听懂了没有？哎！恐怕你一辈子也懂不了，我真是对牛弹琴。"

奉劝家长们不要说这种反话刺激孩子，打击孩子。这会使他们更愿意唱反调，也会引起他们对你的厌恶。

大人说的算？孩子可不这样想

一个小学生，只有 8 岁，父母要他学钢琴。每天下午放学，必须先练一个小时钢琴，然后再做功课。星期天更是得上一上午补习班，下午还要去教师家里学琴。孩子对弹琴没有兴趣，他看见钢琴就厌恶，还几次想把钢琴毁掉，经常反抗说："我不弹，我不要学。你打死我也弹不好！"但父母却不顾孩子的兴趣与反抗，一定要孩子学，"已经学了两年了，花了这么多钱？你应该争气，把琴学好！今后每天不弹熟练习曲，就不许出去玩儿！"

孩子无奈，为了断掉父母要他学琴的念头，有一天在放学回家时，他用石头砸断了自己的一根手指。

孩子没有兴趣，没有学习的意愿，只用管束、训斥和强迫的方法，孩子是不可能学好的。而且时间长了，孩子还会滋生反感、厌恶情绪，以致消极对抗。这样的事我们见过和听过的都很多。那就是：你一定要我画，我就乱画；父母一来检查，画的都是圆圈圈，字写得东倒西歪……这还是好的，老实的。

孩子是需要从小培养的，儿童的智力也应该从幼儿时开始启发，但应该先从培养儿童的兴趣着手，而兴趣又因人而异，绝不能由父母来主观决定或强加在孩子的身上。在幼儿时期，做父母的可以鼓励孩子们学习和接触各种事物——画画、写字、弹琴、跳舞、武术等，启发孩子的兴趣，让他们自己产生学习的愿望。只有当孩子们愿意学习时，他们才能把坐在桌前画画、写字、坐在琴前弹琴当作一件乐事，一两个小时还嫌少，他们的学习也才会进步。

反之，没有自觉的要求，即使可以强迫一段时期，也不可能持久。这是因为一个人不论做什么事情，只有当他把自己的身心都投入那件事情上时，才能做好。

遗憾的是，受传统文化影响，很多家长在教育子女的过程中，不知不觉地成了一名"暴君"。这些"暴君"往往更看重自己的"权威"，常以"皇阿玛""皇额娘"的身份，用命令的口气让孩子听命于自己；孩子的一切事情都由自己说了算，不允许孩子有自己的意见，不允许孩子做出自己的选择；不提供给孩子可自由支配的时间和空间；孩子如果不听话，就会遭到严厉的训斥或惩罚。

这种专制的做法会给孩子带来什么呢？

第一，孩子感觉不到来自父母的爱。他们根本理解不了父母为何什么事都要管着自己，他们会觉得自己就像玩具一样被父母操控着。

第二，孩子会从内心深处生出对父母权威的惧怕，进而产生恐惧心理和压抑感，久而久之，容易使孩子形成胆小、怯懦、乖僻、冷漠的性格。这种影响会严重到形成对孩子生活的控制，甚至延续至孩子的成年。

第三，这种专制的做法，容易使孩子产生抵触情绪，与家长形成情感对立，甚至产生逆反心理。这是很糟糕的事情，在这个过程中，孩子的乖巧行为更多是出于害怕惩罚，并不是真的"心悦诚服"。因此，他们无法培养自身内在的控制力，一旦控制者转过身去，被控制

的孩子就会像脱缰的野马。前面提到的那个 8 岁的孩子，很显然就是过早地产生了逆反心理。

最糟糕的是，以"专制"为主体的教养方式，根本就起不到教育的良好作用。它会让父母更专注于消除孩子的缺点，因而往往忽略了孩子的优点，孩子长期得不到赏识、鼓励，这对他们的自信成长是莫大的打击；另外，由于父母注重的只是惩罚孩子，使得他们不会去学习采用其他更为适当的方法来纠正孩子的不良行为，而那些方法原本就能减少惩罚孩子的必要性。由于专制型的教育不把孩子当作独立的个体来对待，因此这种教养方式难以唤起父母与孩子之间的共鸣，形不成各自内心的美好体验，即使父母在严厉的责罚背后有着一颗温柔的心。

而在孩子幼小的心灵里，这样的爸妈就像是可怕的"独裁者"，他们在严格的要求下，没有自己的时间和空间，没有为自己申辩的机会，甚至连交朋友的权利都没有。不难想象，在这种环境中成长起来的孩子，内心该是多么无奈和沮丧，又有多少孩子因此越发叛逆，终至堕落。

很多家长们应该清醒了！不要让"专制"这把刀砍伤孩子。所有的家长都应该认识到，教养孩子不是你对孩子做的事情，而是你与孩子一起进行的一个学习过程。让孩子顺着自己的意愿行事，按照自己安排的道路行进，并不是好的教育方法。

孩子是没有定型的、正在成长中的人，在父母面前，他们处于弱势地位，但他们同时又有自己的思想、自己的感情、自己的个性，并且有着巨大的潜能，你一味操控，那么这把"专制之刀"就势必会给孩子造成深深的伤害。

所以爸爸妈妈们，请尽快放下手中的利刃，做民主型的家长吧！

粗暴压制，孩子心底不接受

一些父母在生活中总是简单粗暴地对待孩子，孩子的一些想法行为，只要是自己不喜欢的，一律"压制""改造"。结果，孩子表面上对父母唯命是从，但心里却对父母感到怨恨、恐惧、不满。其实，父母应该明白，孩子有自己的想法是一件很正常的事，应该认真考虑孩子的感受。如果孩子真的有问题，父母可以以朋友谈天的方式与孩子交换一下看法，让孩子心甘情愿地接受你的意见。

刘亮和几个好朋友约好了，周六晚上都去同学王磊家，下下围棋，同时也商量一下升学考试的事情。吃过晚饭，他要出门时，爸爸却大声呵斥："晚上到哪儿去？不许去，给我在家里待着！""他去和同学商量考试的事"，一旁的妈妈替刘亮解释，可是爸爸仍然声色俱厉："升学的事和同学有什么好商量的？用不着！开家长会的时候，我跟班主任已研究定了，你只要好好念书，考高分就成了。"爸爸教训完刘亮，又转过头来冲着妈妈喊："就是你纵容他，惯得简直不像话！在这个家，我是老大，我说了算！"

刘亮的心里难过极了，不仅仅是由于爸爸的阻拦使他失了约而难过，也为爸爸如此的粗暴专制而难过。其实，他知道爸爸也是疼他的，有一次他生病时，是爸爸背着他跑到医院。可是，刘亮就是受不了爸

爸对自己的事情粗暴干涉。所以好多时候，他心里有事，宁愿憋着，也不跟爸爸讲，免得又招爸爸的责骂。

简单粗暴也是不文明的表现。谁都不会喜欢专制的领导或同伴。子女对专制的父母同样也是反感的，尽管表面上可能表现得"百依百顺"，但内心却十分排斥这种行为。

用简单粗暴的方式去解决问题往往把好事弄成坏事，成事不足，败事有余。事后不少父母也追悔莫及，但由于未下大决心克服这种毛病，后悔归后悔，再遇事又旧病复发，弄得孩子见父母如同老鼠见猫，何谈沟通交流，更何谈父母子女之爱？

自然，父母不允许孩子做的事，大都是有道理、有理由的，可是没有多少道理或者干脆不讲道理的也大有人在。但是对孩子，无论是在什么情况下，用粗暴、专横的语言、态度只会伤害孩子的自尊心，引起孩子更激烈的反抗。

孩子听到父母这样的指责，有的可能不敢反驳，但有的可能就会与父母争吵，而有些软弱的孩子听到父母对自己喜爱的东西评价这么低，则会感到泄气或绝望。因为这个时期的孩子还刚学会自己判断，一旦自己的爱好被父母否定了，就会失去信心。

因此，建议家长多站在孩子的角度想问题。要知道，孩子的思维方式和成人的思维方式是不同的，家长应该抱着平等的态度，丢掉成年人的认识框架，以孩子的眼光来理解他们的世界，并给予引导，那么亲子关系一定会和谐得多。

孔子曾说，"鞭扑之子，不从父之教"。也就是说被鞭子打过的孩子，不会听从父母的教导。简单粗暴的专制管教形式，是无法让孩子真正心服的。父母们遇到具体事情时，应当多和孩子协商、讨论，而在讨论具体的问题时，父母不妨多一些幽默感，不要压抑、限制孩子的愿望。对孩子提出的合理要求、愿望尽可能地去满足；对孩子的一些无伤大雅的行为睁一只眼，闭一只眼，对孩子的合理建议要认真采纳；等等。总之，父母一定要平等、民主地对待孩子，这样孩子才会爱戴父母，才会生活得毫无压抑感。

想让孩子亲近你，请先放下高姿态

很多家长常困惑地问："为什么孩子有话不愿意对我说？"其实原因就是家长们总是爱摆出一副高高在上的样子，因此孩子们尊敬他们，但却无法理解他们，总觉得跟爸爸妈妈缺少"共同语言"。如果家长期望孩子能够接受自己、接近自己，那么就必须要放下高姿态，在家庭中建立起民主、平等的良好气氛。

在美国，父母们认为，大人必须平等地对待孩子，和孩子成为好朋友，才能成为称职的家长，才能教育好孩子。我们可以看一下，一位美国爸爸是怎样教育他的孩子的：

弗兰克是美国阿肯色州的自由职业者，他在教育孩子方面下了很多功夫。他说自己一直在努力为孩子提供一种民主的家庭气氛，他和孩子的关系就像朋友一样友好亲密。

对孩子的平等姿态是良好沟通的开始，他将孩子描述理想的作文

保留下来，将孩子们的学习成绩、身高等按逐年变化绘制成曲线图，从小就教他们唱歌、游泳、划船、钓鱼，带他们到博物馆参观、看展览、看歌剧，有空还带他们到大自然中去呼吸新鲜空气……

在各种活动中，他不会因为自己是家长就不容置疑，摆出什么都对、什么都懂的样子，而是尽量去做能给予孩子知识和欢乐的最知心、最亲密、最可信赖的朋友。遇到比如搬家、换工作、买车之类的事情时，他就会召开家庭会议，与妈妈一起和孩子商量该怎么做；还组织家庭音乐会，并将每个人唱的录制在磁带中。由于家庭气氛民主和谐，孩子们生活得无忧无虑。

这样，他的孩子有事就会跟爸爸妈妈讲，从不在心里放着，出门说"再见"，进门先打招呼，做饭当帮手，饭后洗碗擦桌扫地。平时买菜、洗菜，给父母盛饭、端汤、拿报纸、捶背。有时父母批评过了头，他们也不会当面顶撞，而是过后再解释。他常对孩子讲："我们是父子，也是朋友，我和妈妈有义务培养教育你们，也应该得到你们的帮助，你们长大了，会发现我们有很多的不足之处，发现我们很多地方不如你们，这是正常的。因此，我们要像朋友一样互相谅解，互相帮助。"

在这个美国家庭中，不管是家长，还是孩子，都是平等的，孩子提出的看法，爸爸妈妈都认真考虑，有道理的就接受；而爸爸妈妈的想法也都和孩子讲，共同商讨。这样，就让孩子觉得自己在家里有地位、受重视，所以也就对家庭更加关心。

如果中国的父母也都能这样运用对等的方式与孩子相处，也许就不会有那么多家庭问题了。家长与孩子之间不应是统治与被统治的关系，而应像朋友一样平等、自由。当然，这并不意味着家长要完全迁就孩子，还是要负起引导的责任。

向孩子敞开心扉，孩子会更爱你

很多父母常抱怨很难和孩子沟通，其实不是孩子难沟通，而是父母的要求是不公平的：他们要求了解孩子的内心世界，但却不愿意向孩子敞开自己的心扉。心理学家认为，如果父母能够多向孩子袒露真实的自己，那么孩子一定会被父母打动，实现良好的亲子沟通。

一些家长在与孩子交流时会说："你到底怎么想的？你为什么要这样做？"或者干脆说："不要那样做，听我的不会错！"事实上，家长们的这类说教往往不能让孩子接受，他们会想："你们高高在上，只懂得对我说教，你根本就不理解我！"家长们应该明白，这种单向的交流是不够的，爸爸妈妈也应当向孩子敞开心扉，让孩子知道你的所想所感，只有这些真挚的东西才能教育孩子，让孩子乐于接受。

（1）把你的喜怒哀乐表现出来

一些家长总是习惯在孩子面前藏起自己的情绪，其实这样做反而会和孩子产生距离感，如果爸爸妈妈能把真实的自己呈现给孩子，那么，孩子一定会更愿意接受你的教导。

孩子遇到烦恼、失败与挫折，或者与父母发生矛盾时，父母不妨利用这个机会，坦诚地将自己的喜、怒、哀、乐种种情绪倾诉出来。

有一个孩子读书不用功，甚至连作业也不愿做，爸爸无论责备或

鼓励，都是徒劳。孩子总是将爸爸的话当作耳边风，每日放学回家，不是躺在床上睡觉，便是玩手机。

一天，爸爸又在苦口婆心地劝孩子专心做作业，孩子仍然是一边做，一边玩。爸爸看到孩子爱理不理的态度，愈说愈气愤，越说越失望，最后，无奈地对孩子说："是爸爸不好，爸爸没有用，爸爸以后不会再向你唠叨了。"然后默默地返回自己的房间。

想不到孩子听到爸爸这番发自内心的话后，反而感动起来，走到父母的房间，低着头对爸爸说：

"爸爸，我错了，我以后会很用功地读书，不会再令你和妈妈伤心了。"

显而易见，有时用这种表现内心难过的真挚态度教诲孩子，比说教或责骂会来得更有效。

和孩子交心，就得让他知道，孩子的喜怒哀乐也就是爸爸妈妈的喜怒哀乐，这一点在亲子沟通中是不容忽视的。

（2）跟孩子谈谈自己的经历

爸爸妈妈们不必刻意呈现最好的一面，也可以将自己失败和挫折的经历向孩子坦言相告：自己曾有过什么抱负、梦想与目标，曾经因为自己所犯的错误而付出过多少代价，怎样由许多失败、痛苦，而累积到经验，终于走向成功的道路，等等，这一切的一切都可以向孩子尽情倾诉。

有一位父亲，幼年时代家境清贫，最后凭自己的努力完成了大学课程，成为一名出色的医生，他这样告诉孩子有关自己的奋斗史：

"爸爸中学毕业后没有机会再继续读高中，只有一边工作，一边自学，有时假日和晚上的睡眠时间也要用来温习书本。爸爸还要储备一笔生活费给家里人，后来又辞去工作，专心应付考试，最后才读上了大学。"

孩子很专注地听了父亲的经历，并从中受到了深深的触动。

总之，沟通应该是相互的，不要以为把自己的见解和要求说给孩子就是沟通，你还应该让孩子更多地了解你。

向孩子敞开心扉，多谈谈自己的梦想、成功和失败，这样做不会降低你身为家长的威严，只会让孩子更尊敬你，更爱戴你。

淡化"威严感"，强化"亲切感"

如果孩子是因为你的威严感而听你的话，那么就是你教育的失败；如果你放弃权力，放弃你的优越感，那么你得到孩子的信任和尊敬的机会就更大。父母要学会放下架子，蹲下去和孩子交谈，这样孩子才会快乐，身心才会健康。

其实，孩子和父母的隔阂往往是家长自己造成的。你把自己凌驾于孩子之上，不管对错全要孩子接受，孩子怎么会服气呢？他会这样想，为什么我做错事要挨打，妈妈做错了事却没人罚？就凭你比我大吗？父母们这样做，压根就没有考虑过孩子的感受，从心理上分析，这是父母在显示自己作为父母的权利，标榜自己作为父母的身份、年龄与体力，而弱小的孩子当然抗争不过。结果，孩子就只能用沉默或

是叛逆来反抗。这种亲子间不平等的交往会导致亲子关系急速恶化，甚至会到不可收拾的地步。

有一个中学生在日记里写道："在家里，我没有幸福的感觉，最近常常会有离家出走的想法。"

他的母亲说："儿子小时候很乖，不管大人如何打骂，从来不顶嘴。"

他的邻居说："这母子俩现在根本不说话，难得说几句话也会很快就吵起来，接着便听到母亲声嘶力竭斥骂儿子的声音。"

他本人说："我中考没考好，妈妈想让我花些钱去重点高中，而我想去普通高中学习，因为这个，我们之间发生了前所未有的激烈争吵；我喜欢打篮球、踢足球，可是，妈妈从来不让我出去玩，整天就知道让我学习、学习。她根本就不尊重我的自由，我真的不想再看到她了，还是外面好，至少没人整天管着我。"

这母子俩矛盾爆发的根本原因就在于，做母亲的压根没有站在儿子的角度上考虑问题。她尚不觉得儿子是一个独立的个体，不觉得他应该有自己的思想、自己的判断力，不觉得他需要发展自己的兴趣和愿望，她一味地以自己的尺度来限制孩子，这样非但管不好孩子，反而会让孩子滋生对立情绪。所以，在教育孩子的过程中，家长必须放下架子，成为孩子的玩伴和忠实的朋友。要知道，教育的本身意味着伴随和支持。

给家长们提几条建议：

（1）父母对孩子要宽严适度。父母既不能为了赢得孩子的欢心和笑容，就对孩子的缺点、错误放任自流，听之任之，连不合理的要求也违心地满足；也不能处处苛求孩子，把孩子与同伴进行横向比较，甚至拿孩子的短处去比同伴的长处。父母要注意进行纵向比较，一旦发现孩子的闪光处和点滴进步，就要及时加以鼓励。

（2）父母要尊重孩子，认识到孩子也是一个独立的个体，也有自己的情感和需要。父母要放下架子，"蹲"下身来与孩子讲话，尽量减少"威严感"，增加"亲切感"，让孩子感觉到父母和自己是平等的。

（3）父母对待孩子要讲文明礼貌，不要打骂孩子。一旦孩子有了成绩，做了好事，父母都要奖励孩子，绝不吝啬。

（4）父母要勇于承认自己的错误。当父母意识到自己对孩子可能讲错了话、做错了事，要勇于向孩子承认错误并及时道歉。这不但不会降低自己在孩子心目中的威信，反而会使孩子感到父母更加可亲可敬。

给予对等地位，还给孩子话语权

在中国的许多家庭里，有个很奇怪的现象。一方面，父母对孩子很娇惯，对孩子的物质要求有求必应；另一方面，父母却从不把孩子当作一个有思想、有主见的人，也不考虑对孩子的做法是否恰当，孩子可能会有什么想法。因为他们是家长，似乎一切做法都是应该的、合理的。

这样在孩子身上会产生一种什么样的后果呢？

有一个孩子叫肖佳奇，他已经是小学五年级的学生，马上就要升中学了。可是，他却不善于表达，在众人面前一说话就脸红。

孩子为什么会这么忸怩呢？

原来肖佳奇的父母自有一套教育、管理孩子的办法。

有客人来肖佳奇家做客，肖佳奇的父母要求孩子要有礼貌，要懂事，大人们说话时，小孩子不许乱插嘴，最好是到别的地方去玩，让大人们清静地说话。

即使是只有一家三口的时候，肖佳奇的话也时常被打断。比如，当孩子兴高采烈地说着什么时，父母却不时地打断孩子，纠正他的发音、用词，或者批评他的某个想法等，令孩子兴趣全无。

即使是成人，当自己的发言屡遭别人打断或反驳时，也会兴致大伤，缄口不言。因此，这种做法必然会影响孩子个性和能力的发展。

多数孩子逐渐变得不愿独立思考、自主行事。这很自然，既然动脑子出主意受到批评指责，又何必自讨苦吃呢？

可是，正如例子中所说的，家长不时地打断孩子的讲话，甚至阻止孩子讲话，不给孩子发言的机会，不把孩子当成有思想的人，也就不会用心去体会孩子的思想，去了解孩子内心的想法，而他们还会认为自己已经尽到了他们管教子女的责任。

于是到后来，这样的父母往往会抱怨说：

"这孩子怎么不像别人家的小孩那么灵？"

"这孩子怎么反应这么迟钝啊！"

"这孩子真倔，什么都自己做主，从不听大人的意见。"

"他一点儿主见也没有，到底该怎么办，他自己竟然不知道。"

这能怪谁呢？这是自食其果。

父母打断孩子的话，或阻止孩子讲话，使孩子的意见不能发表出来，这样父母不能了解孩子，给予孩子恰当的指导，对孩子成长极为不利。一些孩子变得不善口头表达，变得没有主见、怯懦、退缩；而另外一些孩子却变得独断、盲目，听不进别人的意见。

家长应当把孩子当成是一个有思想的独立个体，给孩子对等的地位，尊重孩子说话的权利。教育学家认为，只有平等的、民主的家庭才能培养出具有独立意识、乐观积极的孩子，而专制的家庭只能培养出唯唯诺诺的庸才。

有一个孩子内向、胆怯，他的父母很头疼。后来心理医生建议这对父母在与孩子沟通时，运用对等的手段，就是说把孩子当成与自己地位相等的人一样来尊重，鼓励孩子说话。这对父母半信半疑地试了一段时间后，惊喜地发现孩子的话多了起来，老师也告诉他们，孩子在学校里也比较敢于表达自己的意见了。

父母应真正地给予孩子平等的地位，不打断孩子的讲话，给孩子发言的机会，把孩子当成有思想的人，用心体会孩子的思想，了解孩子内心的想法，这才真正尽到了教育子女的责任。

开明的父母应该给孩子对等的地位，鼓励孩子发言，锻炼孩子的语言表达能力，让亲子之间顺畅沟通。

减少单向说教，允许孩子合理争辩

在很多家庭里，孩子在受到批评、指责时，他们的解释和辩解常常被这样的话打断："你不要辩解了，这没用""你还敢嘴硬""你又开始撒谎"。

这些话几乎在很多家庭和学校都可以听到。人们习以为常，不再奇怪。但是有没有父母想过，孩子在受到批评和责骂时，他为什么不能辩解呢？

在不能辩解的情况下，孩子一般会本能地产生委屈的感觉，进而伤心、怨恨。他会把这种委屈发泄到其他对象上，或者去想各种好玩的事情来摆脱这种情绪。这往往就是导致孩子淘气的原因。

明智的做法是给孩子争辩的权利，认真地听孩子的话。这样做，主要的好处有两个：其一，从孩子的争辩中，做父母的可以了解到其发生某种错误行为的背景、条件以及心理动机等，可以有针对性地进行有成效的教育；其二，让孩子争辩，也就为做父母的树了一面镜子，父母可以通过听取子女的话检验自己的教育方法是否得当，说的是否在理，发现不妥之处可以及时地调整。

从现实的方面讲，难道有哪位父母真的希望孩子长大以后遇到类似的情况而不辩解吗？不，那时他的母亲一定会气愤地说："你为什么不辩解？！你是哑巴吗？"

孩子的这种权利受到尊重，一般会增强他的自信心和荣誉感，也会注意别人的权利是否也被自己尊重，这样还可以营造家庭的民主气氛，使家庭更加和谐。同时，研究发现，这样的孩子具有很强的交际能力，对将来的发展是大有好处的。

心理学家经过科学调查得出了这样的结论：能够同父母进行真正争辩的孩子，在今后的日常生活中，会比较自信、富有创造力、合群。

因此，父母应该树立一种观念，允许孩子争辩，这不是什么丢面子的事。父母认为，假如允许孩子争辩，孩子就会不听话，不尊重自己，让自己为难，这种想法是极为不正确的。允许孩子争辩，对两代人都有好处，因此，父母要善于研究学习，让争辩发挥更大、更好的作用。

当然，允许孩子争辩是应遵守规则的，换言之，就是不允许他们胡搅蛮缠，随心所欲，而要在讲道理的基础上进行。假如孩子违反了争辩的规则，父母自然应该加以制止。值得提醒的是，父母是规则的制定者，因此，在制定规则时要从实际出发，合乎孩子的情况，合乎一般的道理，否则，这种争辩就是不平等的。

给孩子争辩的权利，这对很多父母来说并非易事，他们在教育孩子的时候，往往是只做主宰者，哪能容孩子争辩。因此，给孩子争辩的权利，需要做父母的克服单向说教的思维定式，换上尊重孩子、鼓励争辩、善于双向交流的思维方式；改变轻则呵斥，重则棍棒的粗暴行为，养成重科学、讲民主、以理服人的良好规范。

父母应该为孩子的争辩创造一种宽松、平等的氛围。在争辩的过程中，父母应循循善诱、以理服人，不要以为孩子与父母争辩就是对长辈的不敬。

别搞一言堂，尽量尊重孩子的选择

生活中，父母们总是喜欢依据自己的意愿来为孩子做选择：让孩子学钢琴，让孩子学舞蹈，让孩子学理工科，让孩子考大学……几乎很少有家长会询问孩子的志愿，尊重孩子的兴趣和理想，因此亲子之间常出现矛盾。父母抱怨孩子不理解自己的苦心，孩子指责父母干涉自己的自由，于是关系越闹越僵。

父母带着女儿到餐厅用餐，服务生先问母亲点什么，接着问父亲点什么，之后问坐在一边的小女儿："小姑娘，你要点什么呢？"女孩说："我想要水果沙拉。"

"不可以，今天你要吃三明治。"妈妈非常坚决地说，"再给她一点生菜"，女孩的父亲补充说。

服务生并没有理会父母的话，仍旧注视着女孩问："亲爱的，你都喜欢什么水果呢？"

"哦，草莓、苹果，还有……"她停下来怯怯地看一眼父母，服务生一直微笑着耐心等着她。女孩在服务生的目光鼓励下说："还有多放一点沙拉酱。"

服务生径直走进厨房，留下了目瞪口呆的父母。

这顿饭小女孩吃得很开心，回家的路上，她还在不停地说啊笑啊，最后，她走近爸爸妈妈，开心地说："你们知道吗？原来我也能够受到他的重视。"

可以想象，这个服务生给女孩带来了平等和自尊，更给女孩的父母上了意义深远的一课。那就是，孩子有自己的兴趣爱好，孩子的选择同样需要被尊重。

有一位父亲，他是一个普普通通的工人，他一直希望能把自己的女儿培养成才。有一次，一个客人在看到他的女儿时，顺嘴夸了一句："这个孩子手指修长，一看就是块弹钢琴的料。"这位父亲动心了，他决定将女儿培养成钢琴家。第二天，他就去银行提出了所有存款买了一架昂贵的钢琴，又请了老师来教女儿。可是那个 6 岁的小姑娘根本就不喜欢弹钢琴，她希望能和小伙伴一起参加舞蹈班，可父亲却不愿意尊重她的选择，一定要她练钢琴。每次，小女孩都是哭着坐到琴凳上。有一次她妈妈劝她爸爸说："既然她不喜欢，就别逼她了！"可小女孩的爸爸却气呼呼地说："不行，她懂什么？我说了算！"一天，爸爸出去了，留小女孩一个人在家练钢琴，小女孩由于气愤，拿起一瓶胶水把琴键给粘上了。做完了之后，她突然觉得很害怕，爸爸一定不会放过她的。于是 6 岁的小女孩收拾了个小包决定离家出走，就在一条繁华的马路上，她被一辆电瓶车撞倒，受了重伤。

这个故事给我们的教训是：强制孩子是没有意义的，家长必须学会尊重孩子的选择，尊重孩子的兴趣理想，望子成龙、望女成凤当然没有错，可是家长不能利用自己的身份压制孩子，说到底人生毕竟是孩子自己的。

我们应该把孩子看作家庭成员中平等的一员，让孩子大胆发表自己的意见，鼓励孩子大胆参与家庭事务，大胆发表自己的意见，允许

孩子在有关自己的问题上持有保留、修改、完善自己意见的权利。

我们应该尊重孩子的选择：不要强行对孩子进行知识和技能的灌输；不要不考虑孩子的天赋及兴趣，按照自己的想法进行塑造；不要不考虑孩子的承受能力而进行超龄负载；不要不考虑孩子智力发展的规律性和阶段性，夸大目标进行施教；不要不尊重孩子的意愿，擅自为孩子做出种种选择和安排。如，在为孩子购买玩具、衣物和生活用品时，应该尽量征求他们的意见；又如在参加课外兴趣活动时，应尽量尊重孩子的选择；再如高中阶段选择文理科时，亦应尽量给予孩子自主选择的权利。

当然，对于孩子的选择，家长如果发现有不妥之处，可以为孩子提供一些参考意见。但绝不可以滥用自己的权威，强迫孩子做他们不愿做的事。

只有尊重孩子的选择，让孩子走一条自己喜欢的路，孩子才会愿意为此而奋斗，凡事都迎难而上，也只有这样孩子才会真正取得成就。

和解式沟通：
叛逆不是孩子的错，别打别骂别动气

　　每个家长自己都经历过叛逆期，但很多人却不能冷静对待孩子的叛逆。他们什么都想干涉，结果引来孩子强烈的不满；他们采用高压手段，结果导致孩子更大的反抗。显而易见，教育反抗期的孩子，简单、粗暴的处理方式是绝对行不通的。

孩子的叛逆究竟出于什么心理

"唉，这孩子，为什么越来越不听话了？""现在的孩子没法管了！……"这是许多父母经常发出的感叹。是的，孩子的叛逆是许多家长十分头疼的事情。家长们总是很诧异，为什么孩子在小的时候吃饱喝足了什么事也没有，孩子越大，满足得越多，孩子要求也越多。到了一定程度，只要稍微不满足孩子的要求，他们就跟父母对着干，无论怎样教育都毫无成效，这是什么原因呢？

其实，当孩子从懵懂无知的孩提时代进入青春期后，最明显的标志就是独立意识的增强。孩子的叛逆心理也并非像我们所想的那样——故意和父母对着干，也不是孩子越大就越不听话了。从某种程度上来讲，孩子的叛逆行为，其实也是一种渴望独立的信号。

到了这个时候，他们不再对父母的话语"言听计从"，而是渐渐地有了自己的想法，并能根据自己的经验做出相应的判断。这时候，如果做父母的不懂得及时沟通，及时了解，仍然凭借自己的人生经验、依照自己的想法去教育孩子，把他们当作一个什么都不懂的人，就很容易使孩子听不进去，也很容易使孩子滋生逆反心理。从而使矛盾不断升级，孩子也就开始和父母对着干了。

　　汪帅刚满 17 岁，正在一所重点中学读高三。为了使汪帅能考上理想的大学，有一个锦绣的前程，汪帅的父母为孩子找来了三位辅导老师，分别对汪帅的"语数外"进行课外辅导。谁知，汪帅根本不听话，每当辅导老师登门授课时，他就对辅导老师爱搭不理的，有时甚至连招呼都不打，就跑到外面上网去了。弄得登门的辅导老师来过几次后，就再也不愿意来了。眼看高考即将临近了，汪帅的家长开始苦口婆心地劝导他。

　　"你能理解父母为你请辅导老师的用心吗？"汪帅的妈妈问道。

　　"这还用说吗？当然理解，只是不想说出来而已！"汪帅回答。

　　"那你为什么对辅导老师这么冷淡呢？"

　　"因为我已经长大了，我有自己的学习计划，有自己的学习方法，干吗还要把我当成小孩子呢？"汪帅反问起来。

　　……

　　面对孩子的回答，汪帅的父母似乎无言以对。

　　汪帅已经 17 岁了，虽然不是特别的成熟，可他已经是一个能够独立思考的人了，如果做家长的还把他当成一个需要随时呵护的人，那么，孩子肯定受不了。

　　由汪帅的事情我们可以看到，很多孩子的家长由于历史和家庭条件的限制，很多愿望不能完成，因此他们把所有的希望都寄托在了儿女身上，全心全力地想把他们打造成琴棋书画样样精通的全能人才，应该说，家长总是想把孩子纳入自己所设计好的轨道。而当家长的以成人的理念和要求与孩子的想法以及目标相逆时，便会产生碰撞。然后家长就认为是孩子在学"坏"，孩子变得叛逆，却不曾想，孩子是想

有自己的主见。

面对孩子青春期的叛逆，家长需要正确对待，而不是一味地以父母的姿态压制他们。

处于青春期的孩子，由于他们对万事万物渐渐地有了自己的想法，有了自己的主见。所以，他们总觉得，长期以来，父母与师长对他们灌输的思想与理念，竟然有许多地方是"不对"的。于是，他们就滋生了叛逆的心理，希望能得到家人与外界的认可。其实，叛逆并不是什么大不了的事情，它不过是孩子渴望独立的信号，是一种希望得到大人认可的方式。

越束缚压制，孩子反抗越强烈

许多父母经常抱怨说：我家的孩子，你要他读书，他就要上网；你要他干点家务活，他就要去外面打球；你如果多说了他几句，他就说，你这人怎么这么烦啊！

许多孩子则经常和他们的同龄人说，我妈太烦了，我想放松一下心情，在网上浏览一下新闻，我妈看见了，非说我不好好学习，总是强行将我的电脑关了；我想去外面和朋友打打球，可我妈非得要让我把家里收拾好了才能走。

你看，同样的两件事，站在两个不同的角度，反映出来的心态却迥然不同。如果只听一家之言，他们所说的，都有他们的道理。但是，当你仔细地综合了双方的话语后，我们便会发现，这里面缺乏的就是沟通与理解。

刘为峰读初中的时候，非常喜欢信息技术这门课程，而爸爸简单粗暴地禁止他"玩电脑"，要求他必须把全部精力放在学业上，并制订了严格的计划，要求他每天放学回家必做多少作业、多少遍练习。这种做法引起了刘为峰的强烈不满，既然爸爸不让他做自己想做的事情，他就故意不好好学习，让成绩一落千丈，明知这样做不对，刘为峰依然我行我素，他甚至喜欢看到爸爸怒气冲天又无可奈何的样子。

所有的叛逆都来自对束缚和限制的反抗。孩子所面对的，除了他本身就有的生理与心理的束缚外，还有周围成人所刻意设置的各种限制。在从前，他无法意识这种束缚与限制，就算意识到了也无力反抗。随着年龄的增长，他们渐渐能够清晰地看待这个世界，一个新的自我在迷茫中跃跃欲试。然而，成人的限制是那么的严密和牢不可摧，而成长的力量还不足以挣脱自身生理、心理和知识的束缚，这时候的孩子正承受着蜕变之苦，体会着前所未有的迷茫，所以就会产生种种叛逆的举动，目的只是想以此来显示自我的存在。

在家长认为孩子叛逆的同时，家长也正好暴露了这叛逆的根源——过度呵护所演变的压制。正是这种看似温柔的束缚，让正在成长中的孩子无所适从。所以家长在指责孩子不听话的同时也应该反省一下自己，是不是束缚了孩子的身心，是不是没有给孩子足够的空间和足够的理解。

要知道，叛逆并不是什么不可原谅的错误，也不是什么无法解决

的难题。家长要做的是帮助孩子，而不是让他们远离父母，远离家庭。所以，在这特殊的时期家长要做的就是观察孩子，了解孩子的真实想法。然后站在孩子的角度去帮助他们。

面对叛逆的孩子，家长该如何疏导呢？

第一，要和孩子建立一种和谐关系，关系比教育更重要。家长要在建立这种关系的过程中，能够给予孩子被爱，被尊重，被理解的感觉。

第二，家长要获得自我成长，伴随孩子一起成长，在自我完善的过程中，给孩子树立一个榜样，这样更能获得孩子的认可，能在潜移默化中影响孩子改变不良行为。

第三，要找到多种方式教育孩子。青春期孩子的叛逆，主要体现在他不愿意接受家长的给予，尤其是强硬的指示，如果家长能够通过其他方式，而不是单一的责骂甚至殴打，让孩子明白他该怎样做，就可以起到事半功倍的效果。

正确应对孩子青春期的怪异行为

青春期的孩子情绪很不稳定，他们有反抗权势和习俗的倾向。

因此，孩子们常表现出很多怪异行为，看了叫人心烦，令父母们难以容忍。譬如：咬指甲、抠鼻孔、啃手指头、抓耳朵、干咳嗽、斜眼看人、擦鼻子、全身乱动；或是成天躺在床上两眼望天，手里不停地玩儿一件东西；或是一天到晚不停地抱怨，仿佛一切都令他不顺眼，房子旧啦、衣服差啦、老师不好啦、父母是老古板啦等等。

他们的坏毛病、坏习惯也一再重犯。早上大睡懒觉，晚上借口念书和洗澡，拖到深更半夜不睡觉。父母说他，他就生气，他会跟父母强辩，或是故意曲解父母的话。

青少年孩子们的言行虽然如此不正常，但父母也不必惶惶不安。孩子们仍然是有理性的，因为这与青春期有关。青春期的作用就是要瓦解他已经成型的性格，接受必需的改变：从成型状态（儿童时期）经过瓦解状态（青春期）到再定型状态（成人时期）。每个青少年在青春期间都要重新养成他自己的性格，必定要从父母替他塑造的儿童期中挣脱出来，使自己焕然一新。

因此，他们有些怪异行为是可以理解的。

有一个著名的心理学家曾说过：处在青春期阶段的男女，言论和行为互相矛盾、变化莫测，这并不奇怪。他们在成长，在塑造成人期的性格，不停地在体验自我，要尝试各种各样的可能性。所以，他们容易冲动，尽管他们也知道冲动不好，应该克制，在公众面前不愿亲近父母，但他们内心的隐私还是只想向父母倾诉；表面上在处处模仿名人，私底下却又想标新立异；有时乐于助人，为社会、为他人无私地做奉献，但有时又显得自私自利，冷酷无情，一心一意只考虑自己的利益，而毫不顾及集体的利益。

在一所高级中学，有位教师找了几位高一的学生谈心，要那几位学生谈谈他们最近的心理活动，毫无例外，这些学生心理都很矛盾。

有个男生说："我近来很苦恼、很矛盾。因为，在内心深处，常有些欲望和冲动在燃烧，在折磨自己。想尝试，不太敢；想克制，又克制不住。"

另一个男生说："也许我这个人精力太旺盛，总想找个机会去亲自尝试一下人生各种酸甜苦辣，去实际做些事情，哪怕是发泄一下也好，而不愿只听一些不着边际的空谈。"

有个女生说："不知为什么，现在我经常做一些连自己都莫名其妙的事，被别人看成神经质，喜欢装模作样，一点也不愉快。"

对于青春期孩子的反常心理和行为，父母就算再聪明，也难以完全掌握，那又何必太操心，反而使孩子不高兴呢？对孩子的反常行为暂时容忍，并不是表示赞同，正如医生从不拒绝病人的要求，哪怕感到它不合理，只因为他们是病人，但绝不鼓励也不赞许。暂时的容忍，就是在尊重理解孩子的个性和心情的基础上，再寻找恰当的时机，进行有效的帮助。

对处于心情不定、常自相矛盾阶段的青少年，我们要理解他们，掌握他们的心理特点，不要横加干涉，一看不惯，就动辄斥骂，不妨顺其自然，听其自便。他们喜欢运动，就让他们去动，喜欢安静的，内心有种种隐私的，暂时也不要多过问。

父母要学会尊重孩子，因为孩子已经长大了。

（1）尊重孩子，让孩子选择

处于反抗期的孩子不喜欢有人吩咐他做某件事或被迫接受某种意见，哪怕这些意见和行为是正确的。这时，你可以把自己所企盼孩子接受的做法与其他几种可能摆在一起让他选择。孩子在你规定的范围内行使了自主权，既让他表现了独立性，又往往能心甘情愿地顺从你的建议，双方皆大欢喜。

（2）转移孩子的注意力

如果孩子执意反抗，父母就必须想办法转移他的注意力，例如：给他心爱的玩具，待其情绪好转时再与他沟通。不要非强迫他顺从你不可，更不要威胁他或利诱他。巧搭梯子，让孩子自然下台。孩子有时是为了逞能而耍犟，这时，你要顾全他的面子，帮他搭梯子，让他体面下台。如果他考试成绩一落千丈，你不能对他嘲笑讽刺，否则会适得其反，迫使孩子走上"反抗不归路"。

（3）多给孩子一些爱

一些心理学家强调，要使孩子服从、不反抗，就必须给他们多一点爱、关怀与了解。事实上，反抗的行为几乎发生在每一个家庭，然而，一个苛求、缺乏爱的家庭似乎更易养成孩子叛逆的心态。家长应忽视缺点，赞扬优点。假如你希望孩子的错误行为不再发生，你就得狠下心来，忽视一切的错误行为。除了忽视他的错误行为外，你还得去夸赞他一些良好的表现。赞扬本身虽然只是一件小事，但对孩子而言，它已代表了你对他的爱、关怀与注意。父母切记，处罚绝不是好办法，因为这会阻止孩子发展自我意识。

（4）因势利导，不要破坏孩子高兴的情绪

有时孩子玩儿得正高兴的时候，父母突然打断并要求他做他不愿意的事，这将是引起孩子反抗的导火线，甚至还会使孩子发展到与父母对抗的情况。近来报刊上不时披露的青少年离家出走的事情，不少就是孩子在感情上与父母疏远、对抗而采取的极端之举。两代人应当

相互尊重各自的秘密，并将此视为尊重他人人格尊严的重要内容。尤其是父母要尊重孩子的权利，不偷看孩子的日记和信件，不偷听孩子的电话，不强迫孩子说出不想公开的秘密。

当然，父母负有监护人的责任，但这种监护是监督与保护之责，是以尊重为前提的。父母的权力在于通过自己的教育影响，使孩子能够独立面对秘密并从容、恰当地处置。如此正确对待、巧妙实施，可以帮助孩子健康、自信地度过人生的两段关键时期。

带着爱心倾听，才能顺畅沟通

很多孩子都有这样的抱怨："每次我和爸爸妈妈意见不一致的时候，他们都会用势来压人，不给我说话的机会，有时候根本不是他们说的那回事。""爸爸经常否定我所有想法"。的确，很多家长都存在这样的问题，不问缘由地对孩子乱发脾气。从严格意义上来说，这种做法严重违背了教育宗旨。

一天晚上，一位30多岁的女士向公安局报警，声称自己的女儿被坏人胁迫偷走了家里的2万元。在派出所，14岁的孟娇，也就是报案的那位女士的女儿一言不发。无论妈妈怎么责问女儿，苦口婆心地说自己赚那2万元多么不容易，女儿就是不为所动。后来一位20出头的公安局的警察主动和小姑娘"套近乎"，和她谈了几句当下热门的明星和流行的服饰，两个人就熟络起来，1个小时之后就变得无话不谈了。

孟娇告诉那位警察，自己偷来的妈妈的那2万块钱除了买了一部2000块钱的手机，剩下的钱一分都没动。只是当天晚上她和朋友通电话的时候，妈妈因为她聊天的时间长而大声训斥她和她的朋友，自己的那位朋友听到了很不开心，挂掉电话之后她就和妈妈起了争执，当晚谁也没理谁。第二天，她看到妈妈往衣柜里放了一沓钱，就趁着妈妈不在家把钱偷走了，自己买了一部新手机，办了新号，这样以后打电话就不会被妈妈监视了。

民警将孟娇的话告诉了她的妈妈，并嘱咐她妈妈好好和她沟通，妈妈针对这件事向女儿表示了歉意，告诉女儿以后一定会尊重她的朋友，再也不会那么做了。孟娇也觉得自己的行为有些过激，从自己卧室的床底下拿出了装钱的鞋盒子，一场母女之间的误会风波就此结束。

可以看出，孟娇不是什么"坏孩子"，也并没有像妈妈说的那样被人胁迫。只是因为妈妈没有尊重她的朋友而激发了她的"报复"心理，而妈妈后来直接武断地认为女儿被胁迫偷钱，更加疏远了母女之间的距离。直到最后，有人愿意倾听她的心声，她才把这一切吐露出来，一场误会才得以解除。

父母是孩子的第一任老师，也是孩子成长过程中接触时间最长的朋友，在孩子成长的过程中，最需要父母的关心，也最愿意和父母交流，特别是对于进入青春期的孩子来说，这种交流更是非常必需的。这个阶段的孩子自我意识加强，渴望挣脱父母的束缚，如果缺乏父母的理解，亲子关系就会变得紧张，甚至不利于孩子的健康成长。父母

不愿意倾听、理解孩子最终可能会丧失倾听的机会，到最后孩子什么都不愿意和父母说了。

那么家长究竟应该怎么做呢？

（1）在孩子情绪好的时候进行交流

每个人在高兴的时候都更容易接受别人的意见。当孩子处于兴奋状态的时候，家长和他交流最容易。这个时候家长能够利用他的情绪，来让他讲一下班级里发生的趣事，从而引起话题。在孩子不高兴的时候，家长也能够通过及时的关心来了解到底是什么事情使他不高兴。

（2）有一个固定的交流时间

可以选在吃饭的时候，或者睡觉以前。可能吃饭的时候讲话不算是一个好的习惯，但是有的孩子确实在吃饭的时候注意力比较集中，情绪也比较高涨，家长可以利用这个机会来多了解一下他的学习状态以及学校中的生活。而在睡觉以前，短暂地聊会儿天，既是对一整天的一个小总结，也能够使孩子睡得更踏实和香甜，即使是在做梦，也会感觉到有爸爸妈妈陪着自己，心里有一种安全感。在孩子3～4岁的时候，他的秩序感发展地很迅速，总在一个固定的时间做相同的事情，能够使孩子感觉到安全感。

（3）学会"身先士卒"

并不是每次家长和孩子谈话都能引起孩子的回应。有时候孩子会以"我今天很累，先不说了"为理由，来拒绝与家长的交流。这个时候，家长不妨尝试着自告奋勇一下，先拿自己"开刀"，讲讲自己今天一天都遇见了什么事情、读了什么书、见了几个朋友等。当家长讲完，孩子很有可能就会争着抢着和你说他今天遇到的事情、读过的书等。

通过这样的方式，家长就会了解到孩子的生活学习的状态。

（4）孩子不愿意说的时候，不要强求

有的时候孩子不愿意说了，家长可以装作彼此欢快地聊天的样子，可以抢着说出自己的情况。这个时候孩子不甘于被冷落在角落里，往往会主动地凑上前来"听我说，我也有故事要讲"。

（5）父母要放下强烈的自我意识

父母要懂得亲近孩子、了解孩子，只有这样才能倾听孩子的意见、想法。发现孩子的问题时，要用积极的态度帮助孩子解决问题。无论孩子表现得多么失控，父母都要控制好自己的情绪，冷静处理。如果父母发现自己的情绪也跟着失控起来，可以做做深呼吸，平静自己的心情，之后再心平气和地跟孩子说话。处理负面状态时，不宜谈谁对谁错，因为没有人愿意承认自己是错的，如果此时在谁对谁错上争论，只会进一步恶化双方的关系。可以用"对不起""我爱你"等词语去抚平激动的心，等到双方情绪稳定下来再继续谈事情。

叛逆期孩子易学坏，务必谨慎对待

很多父母想不通，我的孩子小的时候很乖巧，文文静静的，怎么到了青春期就一百八十度大转弯？染着各色的头发、打架斗殴、赌博，

甚至发生不正当的关系……让父母操碎了心。

李燕是家里的独生女，从小娇生惯养。李燕16岁那年，二胎政策开放，爸爸妈妈决定给李燕生个弟弟。妈妈怀孕之后脾气不怎么好，经常腰酸背痛，没有精力继续照顾李燕的饮食起居，于是开始和爸爸商量让李燕住校，每周回家一次。

半年之后，妈妈的肚子越来越大，行动有些不方便，每次指示李燕做什么她都会很不耐烦地帮妈妈做，经常在家里和妈妈发生口角。爸爸妈妈都发现了李燕的异常，但是考虑到她正处于叛逆期也就不和她一般计较。可是慢慢地，妈妈发现李燕越来越爱打扮，每周回家都会和妈妈要钱买衣服。而且似乎肚子越来越大，经常恶心，仔细一想，和孕初期反应很相似，于是便偷偷地将李燕叫进房间询问。

原来，爸爸妈妈为了要二胎让李燕住校的行为，在李燕看来是在驱赶自己，家里容不下自己。对于父爱母爱的缺失让她很没有安全感，刚好班上的一名男生的情况和自己相似，两个人越走越近，很快就确定了恋爱关系，而且发生了关系。爸爸妈妈对自己之前的行为感到后悔，流着泪将女儿拥入怀中，但是错已铸成。

其实，每个孩子都希望自己成为同龄人中的佼佼者，成为爸妈、老师的骄傲，但现实却并非如此，不是每个孩子都可以变得很优秀。一旦他们不是那么优秀，或者感到自己被人忽视了，就会沉沦堕落；也有的孩子原本成绩优秀，但其实成绩对于他们而言如同心灵的煎熬。正由于他们备受瞩目，所以他们才更累，他们想放纵的想法就在内心之中蠢蠢欲动，他们会不由得羡慕那些不用考试、不用面对老师与家长严肃面孔的同学，过不了多久，他们就会尝试着抛开一切，放纵自己。

学校里有很多孩子非常羡慕那些故意和老师作对、欺负低年级的孩子的同学，在他们看来，只有这样做才可以得到周围人的尊重和认可，他们也会效仿这种行为。如果父母不对孩子的行为进行引导和控制，就会对孩子未来的成长造成恶劣影响。

处在青春期阶段的孩子，精力充沛，思维敏捷，记忆力强，情感丰富，但是这个时期是孩子身心健康趋于定型的阶段，是走向成年的过渡阶段，也是性意识萌发、发展的时期，他们的心理与生理发育常常不同步，有半成熟、半幼稚、叛逆等特点。所以，父母应当注重孩子的这个心理素质发展的关键阶段，不能直接批评孩子的不良行为，引起孩子的叛逆情绪，也不可以任其发展，导致他们误入歧途。那么父母该怎么做才能避免青春期的孩子学坏呢？

（1）孩子做了坏事，千万不能打骂

孩子做些"坏事"不代表孩子就是"坏孩子"，家长千万不能给孩子贴上"坏孩子"的标签，但也不能放任不管。家长在确信孩子做了"坏事"后，首先要帮孩子把事情的影响降至最低。有的家长觉得只有"打"才可以改正孩子做坏事的行为，其实错了，打得越厉害，就越会疏远父母和孩子之间的感情，孩子就会越孤独，在家庭之中感觉不到温暖，孩子甚至不敢回家，在外流浪，和社会上的不良分子交往，很容易被其利用，最终步入歧途，甚至触犯法律。

（2）细心观察，防患于未然

日常生活中，家长要随时观察孩子的思想动向，若孩子的零花钱突然增多，孩子的脸上突然出现瘀伤，家长要引起重视，这很可能意

味着孩子可能在外面打架或偷东西了。家长要仔细排查可能出现的情况，无论通过什么方法，都要让孩子自己露出破绽，承认错误，但是不可以伤害到孩子的自尊心，如果事态的发展允许对孩子的错误行为保密，家长要履行诺言。否则一旦失去教育孩子的机会，孩子就会再也不会相信你。

(3) 让孩子明白是非对错

虽然青春期的孩子已经有了是非观念，但仍然很容易受到影响甚至被改变，父母应当经常培养孩子的是非观念，让孩子明白家长是不允许孩子的这种行为的。对此类孩子进行矫正，家长应当首先帮孩子形成正确的是非观。想做到这一点，一定要从现有的实际水平出发，逐渐提高，经过反复教育即可培养孩子的是非观。

给予理解和宽容，别"逼"孩子逃离

青春期孩子离家出走已经成为一个难题。每天都有父母由于孩子离家出走而担惊受怕，似乎每个处在青春期阶段的孩子都曾有过离家出走的念头，这就像一场永远都结束不了的噩梦。很多家长感到疑惑，我们这么爱孩子，孩子为什么还想离开家呢？

一天，爸爸下班回家，刚走到家门口，就听见屋子内传出吵闹的

和解式沟通：叛逆不是孩子的错，别打别骂别动气

音乐声，原来是自己的 13 岁的儿子郭成把班上的同学请到家里，正在办聚会呢。爸爸当时非常生气，进屋就将音乐关掉，把郭成的同学全赶走了。郭成当时非常生气，说爸爸不懂得尊重他，当天晚上连晚饭都没吃。

第二天早上，学校里打电话到家里，说郭成没有来上学，爸爸妈妈打电话问遍了亲朋好友，可是没有人知道郭成的去向。郭成一走就是 3 天。这期间父母急得吃不下、睡不着，也报了警，可是警方也没能找到郭成的下落。3 天后，郭成自己回家了，但是对于自己去哪儿了却闭口不谈。而且厉声警告父母："如果你们再不尊重我，我还会离家出走的！下一次，我会让你们永远都找不到！"

很多父母都觉得疑惑，十几岁的花季少年不该是无忧无虑的吗？为什么会这么极端。其实，孩子离家出走和父母有很大的关系。案例中郭成的离家出走就和爸爸不尊重他的同学有很大关系，孩子也很要面子，爸爸的激烈举动让他在同学们的面前失了面子，可能今后会有很多同学都会拿那天的事来嘲笑他，在父母眼中这些是小事，可是在孩子眼中这却是天大的事。

孩子步入青春期之后，会给自己订各种学习目标，一旦目标没有实现，他们就会感到失望。而这种压力往往来自父母，他们给孩子订了过高的目标，孩子考试达不到理想的成绩，他们就会对孩子施加压力，孩子觉得恐惧就会离家出走。

还有就是青春期的孩子通过不同渠道接受不同的信息之后，部分人由于经受不住诱惑而对读书没有了兴趣，反而热衷于读书以外的东西，比如早恋、网络游戏等，最终选择离家出走。对于家庭而言，每

一次孩子的离家出走对父母来说都是一场梦魇，他们很可能因为找不到孩子而精神失常，甚至离异。那么家长该如何避免类似的情况发生呢？

（1）沟通、倾听、帮助、理解和耐心

家长应该懂得和孩子沟通，倾听孩子内心的想法，理解孩子的行为，在疏解孩子的内心时要有耐心。家长应该提供更好的生活质量保护孩子，营造充满爱和快乐的家庭氛围，良好的沟通可以让孩子感到安全。哪怕有一天他真的想离家出走，也会再三思量的。

父母做决定时，应该花时间去权衡怎么做才有利于孩子的发展。如果不希望孩子出现神经质、偏执等问题，应当给孩子爱和美好的情感，让孩子得到满足。如果你发现孩子可能会离家出走，要及时和孩子进行沟通，找到背后的原因，和孩子一起发现解决问题的积极方法。

（2）关注孩子的成长变化

父母要时刻关注孩子的心理变化与需求，很多孩子的出走让父母始料未及。如果孩子犯了错，家长应该善于引导孩子，指出问题的严重性，并提出解决问题的方法，让孩子自觉改正错误。而不是直接对孩子大加指责，否则孩子就会由于逃避而选择离家出走。

（3）父母不要过多干涉孩子

家庭教育对孩子的影响是非常大的，孩子的第一任老师就是父母，很多孩子离家出走是由于缺乏和父母之间的沟通。父母应该通过沟通了解孩子的需求，尊重孩子的想法。对于孩子的学业也不该横加干涉。青春期的孩子已经能认识到学习的重要性了，父母整天唠叨只会增加他们的反感。

（4）让孩子经历一些挫折和磨难

父母可以尝试让孩子经历一些挫折和磨难，比如让孩子利用周末的时间做些小零工赚取零花钱，在这个过程中孩子可能经常会做错事，父母可以抓住这个机会告诉孩子如何避免类似的问题，同时鼓励孩子继续做下去，一直到孩子可以在自己的小岗位上得心应手。这样的事情有利于培养孩子的勇气、自信、责任感，让孩子健康成长。等到孩子拥有坚强的意志力之后，就不会再做出离家出走的冲动行为了。

（5）孩子回家后主动安慰

部分孩子离家出走后再回到家里会遭受父母的打骂，这些做法都是不利于孩子身心健康发展的。孩子离家出走回家后，父母应该好好和孩子沟通，安慰在外受苦的孩子，让孩子感觉到家庭的温馨，这样亲子之间的矛盾也就更容易被化解开。之后逐渐给孩子讲讲人生道理，让孩子走出阴影，体会到家才是最好的港湾。

早恋倾向，不能死堵，重在疏导

孩子过早恋爱，通常会对他们的成长造成一定的负面影响，因此，大多数父母们都是旗帜鲜明地反对孩子的早恋，但很多时候他们采用的方法是不恰当的。例如有的父母在孩子上初中时就声色俱厉地警告

孩子"不许早恋"，有的父母经常性地偷翻孩子的信件、日记，偷听孩子的电话，监视孩子的行动……这种做法不但避免不了孩子早恋，有时甚至还会使孩子因反感父母的做法而故意要去"早恋"。

有一个16岁的女孩，长得非常漂亮，她的母亲因此很不放心，总是对她疑神疑鬼，连接个电话她都要偷听，女孩非常气愤。后来当一个男孩追求她时，尽管她不是非常喜欢那个男孩，但却还是答应了，用她的话说是："我倒想知道早恋有什么不好的，妈妈为什么一定要压制我！"

这真是一个令人哭笑不得的故事，妈妈的管教反倒变成了孩子早恋的"动力"，这都是由于母亲措施不当引起的。

对待孩子的早恋问题，家长不能一味地"堵"，甚至在孩子还没有早恋时就开始捕风捉影，胡乱"管制"。其实，孩子的早恋问题，越堵反而会越乱，基于青少年的逆反心理，这很有可能造成家长不愿看到的后果。

王女士非常懊恼自己在处理儿子早恋问题上的过激行为，致使现在儿子甚至不愿意跟她多说话，回家吃完饭就窝在自己的小房间。

"我2个月前就感觉到他早恋了，因为发现他总和一个小女生一起回家，还经常在房间悄悄打电话，有一次，我没敲门进去，他很快挂断电话，并埋怨我偷听，侵犯了他的隐私。"

令王女士感到震惊的是，一个好友告诉她，曾看见她的儿子和一个女生在大街上搂搂抱抱，行为非常亲密。

王女士意识到了问题的严重性，她声色俱厉地将儿子斥骂一顿，说儿子没有出息等等。儿子也被激怒了，嘲笑她观念落伍。气愤之下，王女士狠狠打了儿子一巴掌，母子关系就此陷入僵局。

王女士接着又去找儿子的"女朋友"谈判，希望她能够从两个人的未来考虑，尽早结束这样的"友谊"。不过，心急之下，王女士说话的语气显然不那么顺耳，所以不但没能说服女孩，更引起了女孩的反感，令王女士非常尴尬。

后来，在双方家长的干预下，王女士的儿子终于与那个女孩分手了。可是儿子却变得越发放肆，此后有一些女孩向他表示好感，尽管他不是很喜欢那些女孩，但却都答应了。用他的话说是："她能拆得散一个，能拆得散十个吗？

其实，早恋问题与其严防死守，使之形成恶性循环，还不如因利疏导、教他们正确对待爱情。家长要理解并尊重孩子的情感变化、积极陪伴孩子青春期的独特阶段，而不是给孩子扣上各种消极的帽子，甚至打骂和威胁，应该给孩子必要的人生指导，把早恋的危害向孩子说清楚，让他们对早恋有个理性的认识，引导孩子理智认识处理情感问题。

有一位 17 岁的高中男孩，与一个同班女孩相恋了，男孩的父亲与儿子进行了一次属于两个男人之间的朋友式的谈话——

父：儿子，你是不是觉得她是最好的女孩？

子：我觉得我认识的女孩里她最可爱也最善良。

父：爸爸相信你的眼光。但是，你才上高二，你认识的女孩有多少？

子：……

父：记得你的理想吗？你说你要上大学，将来还要出国深造，想

成为一名律师或金融家。你知道你将来会遇上多少好女孩？爸爸并不反对你现在谈女朋友，但是，爸爸最反感的是见异思迁。你17岁就有了女朋友，这女朋友是你到目前为止认识的最好的女孩，可是，你将来会有更多的机会，到那时你该怎么办？

子：可是，现在让我离开她，我会很痛苦。

父：你初三时买的照相机呢？

子：前两天，妈妈给我买了个高级的，我觉得效果比原来那个好，就把那个扔箱子里了。

父：这就叫一山更比一山高。你如果把握好每一个属于你的机会，你以后的成就只能比今天大，你面对的世界只会比今天更宽阔，到时候你的选择只会比今天更好，更适合你。如果你与这女孩真有那份情缘，到时候让它开花结果多好。儿子，一个人一生不可能不做些让自己后悔的事，但是，人生大事只有几件，后悔了，就遗憾终生。

子：爸爸，我懂了……

在父子轻松的交谈中，早恋的问题被解决了，这就是疏导的成功运用。在交谈中，父亲没有随便指责孩子，而是从侧面点拨、开导。

开明的家长是不会用粗暴的态度指责或打骂孩子的，因为他们知道这样做只能使孩子逆反心理加重，把恋爱活动转入地下，越陷越深。有些孩子在向家长亮牌后，家长态度生硬，孩子无可奈何，只能做出过激行为，不能说家长没有责任。此时家长应心平气和，循循善诱，使孩子懂得早恋弊大于利，很难有结果。家长应引导孩子自己学会冷却这种狂热，把与异性交往控制在友情的范围之内。

在这方面，家长首先要做的就是，对孩子这种现象给一个合理的评价；其次，在日常生活中跟孩子搞好亲子关系，多跟他们聊聊学校的事，聊聊他们的困惑，鼓励他们多跟不同的异性交往，尽量发展正常的同学友谊。

如果孩子已经与某个异性有"交往过密"的倾向，就要坦然地跟他谈交往中需要注意的事项，管好自己的行为，预防性行为发生以及带来的伤害。

不要觉得讲这种事比较难堪，现在孩子获取信息的途径很广泛，与其他自己瞎寻找，不如告诉他科学的知识，杜绝伤害。

另外，父母还要尊重早恋的孩子，倾听他内心深处的呼唤，理解他的烦恼，引导他脱出感情的漩涡，从而及时坚定地制止孩子的不当行为。

接纳代沟，使亲子冲突呈良性趋势

任何一个人做任何一个行为，在他自己看来都有绝对的理由。孩子的行为在他自己看来，总有他自己的理由，只不过这些理由在成年人看来是不对的！或者说是不成立的。如果你搞不清楚他的理由是什么，想改变他的缺点是不可能的。如果你不能倾听对方的心声，就无法搞清他行为的原因。这是一个方面。另一个方面是通过"理解"建

立孩子的自我尊重感，他可以和别人心灵相通，感觉自己有能力沟通，感受彼此之间有能量流动，这时亲子关系就稳定了。

父母和子女最常出现的问题便是"代沟"。由于父母和子女所生长的背景以及教育程度不尽相同，因此，或多或少都会有些差距，既然差距不能避免，为何不去适应彼此的差距，喜欢这样的差距，然后接纳差距呢？遗憾的是，很多家长在这方面做得并不到位。

孩子上初中之前非常听话，各方面表现都很优秀。到了初二以后，出现了一些问题，成绩有所波动，母子关系出现一些波折。但是总的来说，他们交流得还不错，儿子能主动跟妈妈说心里话，也基本能够接受妈妈的指导。

可是自从进入高中以后，孩子与以往大不一样了。每天放学以后就把自己关在屋子里，当妈妈的想和他说几句话也没机会，更别说谈心了，急得赵月如热锅上的蚂蚁一般。

有一次，赵月以饭后散步为由，敲开儿子的房门。儿子正听着音乐，他看了妈妈一眼，明显有些不高兴。赵月说："既然你现在不写作业，就和妈妈一起去散散步吧。"儿子看都不看她，说："我休息一会儿再写作业。"赵月说："那正好散步回来再做，妈妈有些话要跟你说。"儿子的眼神分明很排斥："有什么好说的呀。"

赵月又生气又伤心。凭女人的直觉她觉察到，儿子的心里肯定有事，如果一直不能与孩子交流肯定会出问题。孩子上初中那会儿，她还常常得意于自己教子有方，母子之间没有隔阂，并常以成功母亲的身份指教别人。现在这是怎么了？难道她与儿子之间也出现代沟了吗？

其实，父母子女因为生活的时代、社会环境不同，生活习惯、思维方式自然也不同，所以产生代沟是必然的。但这个代沟应该只存在于认知层面上，感情上不应该有代沟。家长更不应该以代沟为借口，原谅自己教育上的失误，忽视两代人之间感情的隔阂。

其实代沟是必然产生的，有它好的一面（孩子在成长）——不必为它高兴，有它坏的一面（不利于沟通）——也不必为它伤心。这实际上就是一种自然规律。

当父母与子女出现代沟时，应具备如下的看法：

（1）代沟不是坏事，反而代表一种进步，只有在进步的社会中才会有这种现象。

（2）青少年在这段时期应完成的使命便是"建立自我""完善自我"。所以，当子女和父母意见不同，表示他开始有一套自我的想法了，只要有道理，父母都应该帮助他建立正确的价值观。

（3）或许子女现在的意见与父母不同，但不表示永远不相同，等到他成熟起来，或为人父母时，就会体会到你的苦心。

如果我们把"代沟"看成是一种良性的冲突，则有助于亲子之间的了解，不失为增进彼此关系的妙方。

我们接触过一些美国教师的家庭，他们父母子女间善于交流思想，讨论问题。这一点很值得国人学习。同时，我们深感父母应该多学会一些说理工作。

我们认为争执的原因就在于两代人之间缺少沟通，所以做孩子的知心朋友是对孩子发挥影响的首要条件。

一些父母认为，自己的孩子，自己生，自己养，每天生活在一起，

还用了解吗？其实不然，孩子身上尤其是心灵上每天悄悄发生的变化，如果不精心对待的话，父母并不能了解。

这是父母与孩子的天然差距所决定的。

父母与孩子的差距首先是由心理发展水平引起的。由于儿童的感觉、知觉、思维等尚未发展成熟，他们对外界的感觉与成人是不同的。比如同样是看电视剧"鲁西西的故事"，当鲁西西趴在床上哭时，成人看到"鲁西西受了委屈，很难过"，但一个4岁孩子"看到"的却是"鲁西西不是好孩子，她穿鞋上床"。

有关儿童心理学的书籍里有充分的理论根据说明，成人与儿童的心理发展水平有多大的差距。

其次，两代人的知识差距、生活经验的差距以及对新技术的适应能力的差距等都有可能造成代际隔阂。

作为父母，你也许会无奈地发现，自己在孩子面前的权威性下降了，孩子"人不大，心不小"，样子还挺张狂。这是今天许多父母都碰到的难题。退回几十年前，父母对孩子几乎有绝对的权威性。他们喜欢说："我过的桥比你走的路都多。"

在今天，你敢说比孩子知道得多吗？信息化社会动摇了长辈的权威地位。情况不仅仅如此，计算机时代是成人与孩子同步进入的，而孩子往往比大人掌握得更快，知道得更多，至少在这个领域父母开始失去自己的权威。

至于说到孩子的张狂，假如你的孩子在10～20岁之间，完全是正常现象。10～20岁是国际学术界认定的青春期。

心理学家发现，孩子在10岁之前是对父母的崇拜期，20岁之前是对父母的轻视期，30 岁之前又对父母变为理解期，40 岁之前则是对父母的深爱期，直到 50 岁真正了解自己的父母。

因此，10 ～ 20 岁之间是代际冲突最为激烈的时期。从儿童期进入青春期的少年阶段，孩子最重要的心理现象是"自我意识"的强化。他们渴望独立又屡屡失败，常以苛刻甚至挑衅的目光审视父母和社会。但是，代际冲突具有不可估量的积极意义，它是社会前进的基本形式之一。

当然，父母的权威主要来自人格的魅力，而不是知识。不过，如何对待新知识和新信息，尤其是如何对待走向新世纪的下一代，往往成为两代人能否和谐相处的关键。当你不接纳下一代时，两代人关系极容易雪上加霜，而当你接纳下一代时，两代人都会生机勃勃、富有活力。

总之，作为成熟的父母，应当是善于与孩子沟通的，即善于发现孩子在想什么、在干什么。当孩子做出一些成人难以理解的事情时，父母不是当即质问或训斥，而是平心静气地思考一下：孩子的行为是否有合理性？如果缺乏合理性，又是为什么？经过这样的思考，父母则容易了解孩子，而了解孩子恰恰是教育的成功之道。

儿童教育专家为父母提出以下方法：

（1）设身处地为孩子着想，这是父母与孩子沟通的第一步

父母也是人，我们自己是不是也希望别人能够明白我们内心的感受，希望得到别人的帮助呢？孩子也是人，他们也同样希望别人明白自己内心的感受，也希望得到别人的帮助。

（2）倾听是父母与孩子有效沟通的最佳策略

如果父母愿意倾听孩子的心声，理解他们的意见或情绪，这实际

上就是对孩子的尊重。父母要做到真正倾听孩子的心声，应该注意：

①和孩子交谈的时候要暂时放下手上的事情，专专心心地交谈。只有这样，孩子才会感受到父母的爱心。

②父母要清楚倾听的目的。倾听就是要真正了解孩子的思想和感受，所以，父母要让孩子把自己的心事说出来。对此，父母应该表示理解而不是要批评。

③父母要认真体会是不是听到了孩子的心声，孩子对自己是不是没有保留了。

纠正式沟通：
了解孩子心理特征，破解孩子的怪异行为

孩子的一些不良行为通常属于心理问题，所以不要轻易地将其定性为"恶劣品质"，而是需要从心理层面去关注和调适，要找找原因，与孩子做一些温和的沟通。我们应该做的，是观察、保护和引导，而不是暴力制止。

皮肉之苦只能让孩子表面顺服

　　在中国人的心目中，"黄荆棍下出好人"的古训几乎成了一条真理。但研究证明，对孩子采用暴力是一种很不好的方法，对孩子的身心都会造成很大的危害。聪明的父母必须学会循循善诱，让孩子高高兴兴地按父母的愿望办事。

　　近两年来，地方的报纸报道过几起父母打伤亲生子女的事件。这种事件到处都有。事情的起因都非常简单，就是孩子不听话，不好好读书，引起了父母的恼怒。通常开始是骂，骂了，孩子不听，仍然不认真读书，喜欢在外面玩耍，于是父母就动手用棍子打。当然开始也还只是小打，因为又有哪一个父母不疼爱自己的子女呢？他们之所以督促孩子读书，骂孩子不读书无非是出于望子成龙的心愿。当然"成龙"这只是一个形象的比喻而已，并不是每个父母都敢于奢望自己的孩子成龙。说实话，大多数的父母，也不过是希望孩子多读一点书，成为一个有用的人。

　　父母亲有时候过分迷信打骂可以使孩子用功读书或成绩进步，这是相当可笑的想法。应该适时诱导孩子从小对读书的兴趣，并教导他们正确的社会价值规范。以人为本的教育才是现代年轻父母所应保持的理念，因为"打"并不能使孩子明了父母的用心，只会在幼小的心灵上制造不可磨灭的伤痕。

既然只是为了教训孩子，使他有些惧怕，因而即使打也不宜多打。打两三下，作为警告也就够了，这也就是我们常讲的响鼓不用重锤。反之，打多了，打惯了，把一个孩子打皮了。那么，孩子对打也就不会有所惧怕了。一旦一个孩子对打失去了惧怕，那就最好就此住手，另想他法。如果做父母的仍执迷不悟，认为打一定可以解决问题：不信你不怕打。那么就会越打越重，越打越厉害。

这样也仍然有两种可能：一种是孩子果然被打服了。另一种就是孩子越打越顽强，大人的火气越来越大，以致失去了控制，结果把孩子打伤了。

从报纸上的报道可以看出被打伤的孩子通常很小，还未成年，无力反抗。到了十四五岁的孩子，如果他已经不听话到不怕打的程度，他就会反抗，与父母对打。这种反常的现象在城市里现在也不少。

所以，绝对不能迷信棍子的威力，尤其是现今的孩子已不同于三四十年前。他们成熟得早，也没有什么封建传统的束缚，有着更强的独立意识。这就是为什么打多了，他们不是更怕打，而是仇恨和反抗的原因。

其实，父母打孩子往往是出于一时冲动，大多没有经过深思熟虑，但却会造成不可弥补的严重后果——使孩子产生不良的心态和心理偏差。如孩子说谎，正是因为有的父母一旦发现孩子做错事就打，孩子为了避免"皮肉之苦"，瞒得过就瞒，骗得过就骗，骗过一次，就可以减少一次"灾难"。可是孩子说谎往往站不住脚，易被父母发现。为了惩罚孩子说谎，父母态度更加强硬；而为了逃避挨打，孩子下一次做错事更要说谎，这样就构成了说谎的"恶性循环"。

还有些孩子，因为经常挨父母的拳打脚踢，时间一久，一见到父母就会感到害怕，不敢接近。因此，不管父母要他做什么，也不管父母的话是对是错，他都只是乖乖服从。在这种不良的"绝对服从"的环境下成长的孩子，常常容易自卑、懦弱。这种孩子往往会唯命是从、精神压抑、学习被动。

孤僻而且经常挨打的孩子会感到孤独无援，尤其是父母当众打孩子，会使孩子的自尊心受到伤害，怀疑自己的能力，自感"低人一等"，显得比较压抑、沉默，认为老师和小朋友都看不起自己而抬不起头来。于是这种孩子往往不愿意与父母和老师交流，不愿意和小朋友一起玩儿，性格上显得孤僻固执。

有的父母动不动就打孩子，损害孩子的自尊心，使他们产生对立情绪、逆反心理，于是，有的孩子用故意捣乱来表示反抗。你要东，他偏要西，存心让父母生气。有的孩子父母越打越不认错，犟劲越大，常常用离家出走、逃学来与父母对抗，变得越来越固执。

很多事实证明，打骂是起不到良好的教育作用的。虽然孩子受到了"皮肉之苦"的惩罚，但是并没有找到自己犯错误的原因，也不知道今后如何改正，这就无形中剥夺了孩子承认错误和改正错误的机会。研究表明，体罚常常会加剧孩子的抵触情绪，加深父母子女之间的隔阂，真是得不偿失。

总之，为了规范孩子的行为，父母不要向孩子发火，或者体罚孩子。如果这样就不可能教会孩子如何控制自己的冲动行为，而且很可能由于父母的自我失控令孩子感到恐惧，这是适得其反的。

尽量在温和的探讨中点拨孩子

其实孩子有了委屈、疑难的问题时，也愿意向家长请教，孩子犯了错误时并不拒绝父母的管教，只是他们无法接受一些家长的教育方式：严厉的斥责只会让孩子感到委屈难过。而家长斥责孩子的话即使再有道理，再有深意，孩子也不会去反省什么，因为他的心已经被愤怒和不平占据了。

要让孩子改正错误，一顿严厉的斥责就够了，只不过相同的错误，孩子很可能以后还会再犯；要让孩子深刻认识到自己的错误，真正反省，那么，家长就得运用点拨的手段，让孩子明白其中的道理，并自觉规范自己的行为。

那么，怎样才能成功地点拨孩子呢？教育学家认为父母的态度和方式很重要。如果父母板着脸，不停地向孩子说教，那么即使父母的话字字珠玑，孩子也是听不下去的，更别说自行从中悟出道理了。因为父母的严厉态度让孩子感到害怕，父母的说教让孩子产生厌烦，这样做是根本无法达到教育目的的。

教育学家建议，父母应用温和的态度，在与孩子的探讨中启发孩子、点拨孩子。

淘淘是个非常调皮的男孩，上小学四年级。每天放学后，淘淘总

是不做作业，放下书包就跑出去玩。为此，爸爸总是训斥他，有时还打骂他，可他却总也不改这毛病。有时在爸爸的强迫下，勉强坐下来做作业，可总是不专心，而且做得马马虎虎，错误很多，爸爸拿他也没办法。

有一天，淘淘的姑姑到他家来，正好看到哥哥因为做作业的事在训斥淘淘，可淘淘很倔强，不管爸爸怎么说，他就是不开口，也不去做作业，气得爸爸要打他。姑姑见此情景，对淘淘爸爸说："大哥，我来和他谈谈。"淘淘的姑姑是位老师，她把淘淘带到他的房间里，摸着他的头问："淘淘，在外面玩得开心吗？"淘淘说："也不是特别开心。""那爸爸让你做作业，你为什么不做？""爸爸对我太凶了，总是骂我，我就是不做，故意气他。""那你觉得完成作业再去玩好，还是玩过再做作业好呢？"淘淘不说话，姑姑又说："你是不是也觉得做完作业再去玩，心里没有压力，也不用听父母的责备，会玩得更开心？"淘淘点点头。"姑姑知道，淘淘是个懂事的孩子，聪明也爱学习，就是爸爸妈妈不催，你也会主动完成作业的，是不是？"淘淘点点头，走到书桌前，打开书包，开始做作业，而且特别认真。

淘淘爸爸由此认识到了自己以前的做法是错误的，由于对淘淘粗暴的态度让孩子反感自己，越来越不听自己的话。从此以后，淘淘的父母改变了态度，不再严厉地责备他，而是以温和的态度对待他，淘淘变得懂事了，学习成绩也有了很大的进步。

其实，家长们应该想到，既然想点拨孩子，就得让孩子先接受自己，实现良好的亲子沟通，这样孩子才能接受你的想法。另外，点拨就是让孩子自觉产生正确的想法，这需要家长的诱导而不是灌输。

父母以温和的态度来对待孩子，是对孩子的尊重，也是高明的教育方法。家长只有掌握了这一点，才能成功实现与孩子的良好沟通。

（1）温和的态度让孩子不惧怕交流

爸爸妈妈以温和的态度对孩子，孩子在面对爸爸妈妈时就不会因为害怕而紧张、恐惧，也不会因为反感大人的训斥而产生对抗甚至仇视的心理，孩子会用一种平静的心情和爸爸妈妈交流，会认真听取爸爸妈妈的意见，也只有在这种基础上，点拨才能发挥效用。

（2）温和的态度鼓励孩子说出真正的想法

当爸爸妈妈以温和的态度对待孩子，与孩子平等地交流时，孩子觉得自己受到了爸爸妈妈重视，而爸爸妈妈的眼神、鼓励的话语，也会让孩子产生倾诉的欲望，孩子会把自己内心的想法都告诉父母。

（3）温和的态度拉近亲子距离

态度体现了一个人的修养，与人交流时用什么样的态度，体现了一个人的修养如何，即使是父母在与孩子沟通时也不可忽视这个问题。温和的态度是一个人良好修养的体现，温柔的眼神、微笑的表情拉近了与孩子的距离，使孩子乐于亲近父母。

爸爸妈妈们要记住，点拨的重点在于提示、引导，而不是灌输，因此一定要把握自己的态度和教育的方法，这样才能让孩子产生自觉的行动，达到教育的目的。

孩子说脏话，不要只想着制止

随着孩子语言能力的增强，一些孩子不该说的脏话、粗话，也随之出现了。爸爸妈妈喜欢说这句话："孩子小，学什么都快，学骂人也最快。"而事实也果真如此。

语言的发展是一个螺旋式的发展过程，当孩子发现语言可以成为力量时，就开始没轻没重、快乐地使用，在父母看来就成了骂人的话，这就是"诅咒敏感期"。这些骂人的话被孩子使用，就是因为成人反应强烈，证实了语言的力量性。所以父母面对爱说脏话的小朋友，千万不要反应强烈，大加训斥甚至使用暴力手段，这反而会让小家伙更兴奋，而应该尽可能地去忽略、淡化。

6岁的冬冬变得很爱说脏话，动不动就对爸爸妈妈说：我要打死你！把你踢成两半！你就是个臭粑粑等等之类粗俗的语言。妈妈觉得冬冬变坏了，觉得很生气，也很担心，他不仅对爸爸妈妈这样说，还会对着别的小朋友说。有一天，妈妈带着冬冬去小雪家里玩，两个孩子在屋里玩，妈妈们在客厅聊天。突然，小雪哭着跑了出来，说冬冬骂自己是小屁孩，臭屁股，还要把她扔给老虎吃掉。冬冬的妈妈很尴尬，一边哄小雪，一边把冬冬叫出来："过来给小雪道歉！"冬冬笑着跑出来，他似乎特别兴奋，不仅不道歉，还一边笑一边对着小雪做鬼脸："小屁孩，小屁孩，你就是个臭屁股的小屁孩！"小雪哭得更伤心了，冬冬妈妈见状非常难堪，这时小雪妈妈过来安慰小雪说："冬冬不是故意的，小雪不哭啦，我们原谅冬冬好不好？"小雪妈妈不仅没有生气，还十分温和的安慰冬冬妈妈说："没事的，小孩子嘛，都是闹着玩的，你也别生冬冬的气，等过了这段时间，冬冬就自己明白了。"冬冬见小雪不哭了，小雪妈妈和自己妈妈都不生气了，觉得很没意思，也就不再一直说下去了，反而安静了下来。

爸妈反应越激烈，孩子越能感受到脏话的力量，从而更不愿意放弃讲它，反而特别关注和喜欢使用这类词。不给予他所期待的反应，孩子就不感兴趣了，也就慢慢地不会说这些话了。

我们的孩子，由于受周围环境的不良影响，加上本身有喜欢模仿的天性，所以在学习语言过程中"说脏话"的现象并不少见。面对孩子的这种不良行为，家长可以采取下面几个方法：

（1）孩子好模仿，且缺乏是非观，他们往往从电视、电影中，从父母、同伴那儿学来许多脏话和一些不健康儿歌、顺口溜。为此，父母应该做好表率，带头说文明语言，并且要慎重选择影视节目，引导孩子玩文明、健康的游戏，如发现孩子和伙伴说脏话时，应及时指出并给予纠正。

（2）对偶尔说脏话的孩子，父母应以文明的语言把孩子所要表达的思想、感情重复说一遍，形成正确示范。如孩子经常津津乐道重复一些脏话，父母应严肃地告诉孩子这句话不文明。爸爸、妈妈和所有的人都不喜欢听，并和孩子一起分析孩子喜欢的、尊敬的成人是怎样说话的。利用榜样的力量，可使孩子认识到说脏话不好。

（3）教给孩子正确表达气愤、激动情绪和处理矛盾的有效方法。

告诉孩子和他人发生争执时可以说："你住口！""请你走开！""你不讲道理，我很不高兴。"或自己先走开等等，避免自己或对方说出脏话。

（4）对明知故犯的行为要及时惩戒。当孩子总是故意在说一些粗话脏话，并且在家长多次解释和劝告都无济于事的情况下，父母应该立即采用一些措施来制止孩子的这种行为，使孩子深刻地认识到说脏话会给自己带来的不良后果，从而达到改正的目的。

总而言之，父母要明确地让孩子知道，一个人说话要文明，说脏话的孩子不是个好孩子，要通过正面教育改变孩子的这种行为，引导孩子用文明语言表达内心感受。

孩子的"偷"，不要过分解读

不少孩子都有过顺手牵羊，偷拿东西的行为。面对孩子的这种行为，家长常常非打即骂，而收效却甚微。其实对孩子偷东西的行为反应过度和视而不见都是不可取的。

玲玲今年读六年级了，父母都是公务员，爷爷是退休的老干部，家里只有玲玲一个孩子，全家人都将其视为掌上明珠，玲玲可以说是衣食无忧。但是就在前段时间，玲玲却被叫了家长，原因是玲玲偷其他小朋友的文具，今天偷这个的橡皮，明天偷那个的彩笔，后来小朋友们发现自己的东西是玲玲偷的，都很讨厌她，故意疏远她，而她的这种行为也变得更频繁。老师几次找玲玲谈话，但是玲玲并没有因此而收敛，最终老师决定请玲玲的父母来学校一趟。

玲玲的父母对于女儿的这一行为感到羞愤，他们既生气，又担忧，生气的是玲玲居然做出这种偷偷摸摸的事来，担忧的是玲玲的心理是否有问题。经过一番耐心的询问和心理疏导，玲玲才说出实情。

玲玲的彩笔非常漂亮，有 36 种颜色，是爷爷送给她的生日礼物，同学们都很羡慕。但是几个月前的一堂美术课上，玲玲在画圣诞树的时候发现自己的绿色彩笔不见了，就和自己的同桌瑶瑶借用绿色的彩笔，哪知瑶瑶却说："我的绿色彩笔用得快，要是借给你下次我就没得用了。"玲玲从未被人拒绝过，瑶瑶的这一拒绝让玲玲的自尊心受到了伤害。下课之后，趁着瑶瑶去厕所的时候，玲玲将瑶瑶文具盒里的绿色彩笔偷偷拿了出来，放学后丢在了垃圾桶内。刚开始还有些害怕，担心被瑶瑶发现，后来看没什么事，内心之中竟然又产生出一种报复的快感，似乎终于为自己出了口恶气。

从那之后，只要班上的同学有谁惹了自己，玲玲都会趁着对方不注意偷走对方心爱的东西，自己喜欢的就拿回家用，自己不喜欢的放学之后就偷偷扔到垃圾桶。看到得罪自己的同学着急寻找自己丢失的心爱物品的着急模样，玲玲居然有些得意。

其实，像玲玲这样的问题青少年并不多，他们一般家境优越，娇生惯养，自尊心强，很多时候偷别人东西并没有什么明显的目的，只是纯粹为了给别人制造困难，进而获得快感。比如案例中的玲玲，只是把偷来的东西扔掉或者随便处理，那些物品本身对她并没有什么吸引力，吸引他的是那种报复之后的快感。

有研究表明，有偷盗行为的孩子多半都有一些共同经历：学习压力大，与父母、老师的关系紧张，在班上没有交心的朋友，喜欢某个异性却被拒绝等。每个孩子都希望成为同龄中的佼佼者，可并非每个孩子都可以做到这一点，他们经常感到自己被忽视了，不惜自甘堕落。也有的孩子虽然成绩优秀，但是每次取得的优秀成绩对他们而言都是无比煎熬的，正是由于他们备受瞩目，他们才会觉得很累，有一种无形的压力压得他们透不过气来，想要通过某种方法放纵自己、释放压力。那么对于此类孩子，家长该如何进行教育呢？

(1) 明确告诉孩子"没人喜欢爱占便宜的人"

如果孩子从邻居家玩后拿回家一个竹蜻蜓，妈妈要问清楚："这是小朋友送你的，还是你自己拿回来的？"如果是送的，要问清孩子是否表示感谢；如果是自己拿回来的，一定要严肃地跟孩子讲清道理，并引导他换位思考，"如果你心爱的玩具不见了，你会多难过？如果你后来知道是谁偷偷拿走了你的玩具，你还愿意和他一起玩吗？"要让孩子了解这种爱占小便宜的行为是不受欢迎的，之后带孩子一起去送还，并当面道歉。

(2) 严肃对待孩子经常拿别人东西的行为

孩子第一次占便宜的时候不要过分指责，和孩子讲清道理之后，如果孩子仍然这样，家长不能视而不见，一定要严肃对待，让他认识并改正错误。比如，停止供给他的零用钱，或者每天要做更多额外家务活等。其实孩子偷东西并不是说孩子真的就变坏了，千万不能给孩子贴上"坏孩子"的标签。有的家长主张用武力解决问题，认为只有"打骂"才能纠正孩子的"偷窃"行为。其实不然，打得越狠，孩子和父母之间的感情就会越疏远，孩子就会越孤独，不敢回家，很容易和社会上的不良分子交往，被其利用，甚至接触社会上的不良事件，最终误入歧途。

（3）细心观察孩子的动向

生活中，要随时观察孩子的思想动向，如果孩子的零花钱多了，或者文具盒、书包里突然多了很多东西，都要引起重视，这些东西很可能是孩子偷来的。要仔细排查可能出现的情况，动之以情，晓之以理，让孩子承认错误的同时不伤害孩子的自尊心。如果事态的发展允许对他们的行为保密，那么父母一定要信守承诺。否则，一旦失去一次教育的机会，孩子就可能再也不相信父母了。

（4）培养孩子明辨是非的能力

可能你之前教育过孩子什么是是非，但是孩子很容易受到外界影响而改变，作为父母，应该不厌其烦地培养孩子的是非观念，让孩子明白偷东西是可耻的，不允许同样的事情再次发生。对此类孩子进行矫正，应当先帮他们形成是非观念，增强其是非感。

（5）反思是否满足了孩子的正常需求

父母应该多关心孩子，尽自己所能及满足孩子的合理要求。如实在满足不了，要明确告诉孩子原因，赢得孩子的理解，让他形成正确的得失观。

过分在意，孩子就会无理取闹

生活中，很多孩子都会出现不讲道理、无理取闹的情况：以自我为中心，不理解别人的立场；不管自己有没有道理，说发脾气就发脾气……这些问题往往让父母头疼不已。孩子的不讲道理其实是儿童缺乏自制力的表现，因此爸爸妈妈一定要努力培养孩子的自制能力，对孩子不讲理的行为决不姑息纵容。

爸爸给冬冬买了一个漂亮的玩具车，准备下午带孩子到姑姑家做客，冬冬非常高兴，决定向表弟炫耀一下自己的新玩具。但是到了下午，忽然下起了大雨，冬冬趴在窗户上看了好一会儿，跑来问爸爸："爸爸，这雨会停吗？"爸爸知道，如果冬冬不能去姑姑家，他一定非常失望，于是安慰孩子："再等一等看，也许会停的。"

一个小时过去了，雨还是没有停，甚至还刮起了大风。于是冬冬开始吵闹起来，一边吵闹一边哭泣。爸爸安慰冬冬："姑姑家我们都去过多次了，也不在乎这一次。等大雨停了，爸爸再带你去，你看好不好？"冬冬吵闹着对爸爸说："谁知道雨什么时候能停！你都答应我了，现在又反悔，我不干！我不干！"冬冬越吵越厉害，连邻居都惊动了！

爸爸很为难，又拿他毫无办法，于是就向他保证说："爸爸明天带你到商场去，再给你买一个玩具枪，能射子弹的那种，以前你不就想要吗？"

我们经常会看到一些父母犯这样的错误：孩子一哭一闹，自己就慌了手脚，马上对孩子又疼又哄，对孩子的不讲理百般迁就，或者很多时候，孩子因为某些不如意的事情吵闹一阵子后，差不多快要停止下来了，忽然，又因为父母或其他人对孩子说了些安慰的话，孩子的情绪一下子又来了一个 180 度的大转变，变本加厉，越发吵闹得不可收拾！

冬冬对爸爸的吵闹便是一个很好的例子。

对一个孩子来讲，由于天气的原因，不能参加原来计划好的活动，一定会感到很失望，但孩子因此而纠缠不休蛮不讲理，在很大程度上正是由于爸爸的同情把这种失望的感觉扩大了。

父母们常常会低估了孩子对失望与挫折的承受力，总是不知不觉地以父母的角色，心甘情愿地替代孩子"受罪"。在这个例子中，爸爸对冬冬表示了怜悯，冬冬自己就愈加觉得自己可怜，越加觉得"去不了姑姑家是难以承受的事"！

更糟糕的是爸爸提出的"补偿"办法使冬冬形成一种观念，那就是他在生活中所遇到的任何失望的事情都应该由别人来给予补偿。如果任何事情不能按他的愿望实现的话，冬冬就会感到生活亏待了他，他受到了不公平待遇。当爸爸的认为孩子的失望太大了，是冬冬不能承受的，他的这种态度，实际上低估了冬冬的承受力。爸爸认为冬冬太软弱了，根本无法对付生活中的现实，他的这种态度将使冬冬也形成对自己的错误认识："我受到了一个很大的打击，没有能力应付了。"

因此，我们应当锻炼孩子，培养他们面对生活中的失望及失败的勇气，而不是依赖别人，依赖别人的怜悯，等待着别人来安慰、同情

自己。如果我们不在孩子面前表现出我们对他的惋惜和过多在意的话，孩子就会学会如何接受失望的现实，调节自己的情绪，不再蛮不讲理。如果做父母的能够平静地对待孩子的失望，对孩子施展好的影响，将会使孩子更容易接受失望，迎接希望和挑战！

孩子的有些行为不是真正的幼稚无知，他们其实也隐约感觉到自己的做法有问题。只是孩子"控制"的不成熟，因而表现出哭闹的情绪。如果父母常常为孩子的这种不成熟而批评他，反而会引起孩子的注意，从而滋长孩子的不良情绪。例如：当孩子无理地吵闹、发脾气、哭叫时，父母故意不去理睬孩子的语言和行为，不以任何态度表示知道那种行为的存在，孩子就会意识到父母不喜欢他的行为，也不会给予他任何的满足，他从父母那里将得不到任何"补偿"。

生活中我们可以看到，往往是由于父母过多地在意孩子，才使得孩子得寸进尺，甚至于发展到无理取闹。而父母在处理孩子的这种行为时，通常会大声斥责，甚至大打出手，以达到使孩子改变行为的目的。父母的这种做法行不通！如果我们真是希望孩子能够改变那些不讲理的行为，那么，父母正确的做法应当是适当地采取不理睬孩子的态度，至少应当保持相当程度的沉默。

家长在孩子无理取闹的时候，不妨采取置之不理的办法，这样孩子就会在你冷淡的态度中反省自己的做法，千万不要过多地在意孩子，你的在意只会让孩子得寸进尺。

运用冷淡计，冷却孩子臭脾气

"现在的孩子越来越难管了！"一些年轻的父母抱怨说，"稍不如意，牛脾气就上来了。打也不听、骂也不灵，哄他吧，他还更来劲！"生活中，确实有不少这样的孩子，那么对于孩子的"牛脾气"，家长应该怎样处理呢？

心理学家认为，孩子爱发脾气是由于家庭教育不当引起的。特别是独生子女，如果从小就事事以他为中心，吃不得一点苦，要什么给什么，那么孩子就会养成遇事爱发脾气的习惯。

张超群是小学五年级学生，外表看起来有点内向，然而，脾气却异常暴躁，许多时候控制不住自己。其实，小时候的他并不是这样，不知为何，随着年龄的增长，本来听话的张超群却像换了一个人似的。为此，他的妈妈带着他找到了心理咨询医生。这位母亲向心理医生诉说道：

"小群小时候很可爱，很逗人喜欢。后来不知从什么时候开始，他学会发脾气。脾气一来，九头牛都拉不转。他只要想干什么或想要什么，就必须立即得到满足，否则，就哭闹、打滚、扔东西、毁物品，甚至自虐——用头撞墙，扯自己的头发。他爸火爆脾气，他一闹，他爸就打。你越打，他越犟，一点也不示弱。眼看就要出人命，我只好

央求他爸息怒，把他爸拉开，然后千方百计满足儿子的要求。可我却弄了个两面不是人。他爸埋怨，儿子也不领情……"

每个人都不希望自己的孩子是一个随意发脾气的孩子，可事实上发脾气是孩子成长过程中的必经之路，如果家长引导得不好，孩子就会像张超群一样，养成乱发脾气的习惯，变成一个暴躁的孩子；引导得好的话，孩子的脾气就会成为每一次教育孩子成长的契机。

要解决孩子乱发脾气就要先知道孩子为什么发脾气。有时是孩子的需要没有及时得到满足，这些需要，有些是物质上的，比如，孩子想买一个玩具或者买一些零食。有时则是生理上的，比如，病了不舒服，而父母又不是十分的重视，等等。这并不是说父母必须满足孩子的一切需要。当父母的要分析孩子的需要是否合理，既不要忽视孩子的心理、生理需要，也不能让孩子的需求感变成贪婪欲。

既然孩子发脾气可能是为了获取某种满足的手段。那么，我们怎样才能改掉孩子乱发脾气的习惯，或者说对孩子发脾气采取什么样的对策才是可行的？

专家的建议是：一是不能向孩子"俯首称臣"；二是当孩子发脾气时，适当地采取"横眉冷对"的方式；三是父母"以身作则"，让孩子从榜样的身上学到正确的东西。

孩子发脾气就向他屈服是最不可取的教育态度和教子方法。当孩子乱发脾气时，父母要保持冷静，对孩子的不合理要求绝不迁就，始终要让孩子明白，无论他怎么发脾气，父母都不会"俯首称臣"，他始终都达不到自己的目的。当孩子已经"雷霆万钧"时，不妨运用冷淡计，父母及其亲人都不去理会他。事后，再当着孩子的面，分析一下他发脾气的原因，细心地引导、教育孩子，相信孩子会从一次错误的

纠正式沟通：了解孩子心理特征，破解孩子的怪异行为

行为中吸取教训。

专家认为，父母在阻止孩子坏脾气发作的时候，既不要采取过于强硬的态度，也不能采取过于软弱的态度。最好是能够迅速而果断地将孩子的注意力转移到其他方面，以缓和紧张的局势。也就是说，当孩子正处于发脾气的时刻，父母不要一心只想到训斥孩子，因为孩子这时是听不进去的；也不要强迫孩子或者用武力威胁孩子马上停止发脾气。最简便的方法就是运用冷淡计，让他一个人去发泄，去自我克服、自我平息。这样坚持一段时间后，孩子就会渐渐改掉乱发脾气的毛病，因为他知道这样做是什么也得不到的。

这是一位年轻母亲的教子心得：我的儿子叫小凯，今年9岁，他既聪明又漂亮，从小就受到了家人的宠爱。然而这两年，我们越来越觉得这孩子太任性了：走在街上看到什么就要什么，不给买就连哭带闹，因此我们只好一次次迁就他。半年前，我去听了一个教育专家的演讲，他的一句话对我触动很大："不讲原则的迁就孩子就是害孩子。"因此我决心要改变孩子乱要东西的坏习惯。在一个星期六下午，在儿子的要求下，我答应带他去逛街。出门前，我跟儿子约定：只看不买，否则就不去。儿子满口答应："行！"不过在我以往的经验里，带儿子逛商店，儿子的眼睛一旦瞄到玩具柜台上，不管合适不合适，只要他看中就一定要买。

到了商城，像以往一样，儿子照例要光顾一下四楼的玩具区。由于有约在先，我便放大胆子带他去了。儿子兴奋地东张西望，没一会儿，一种可以远程遥控的玩具汽车便引起了儿子的注意，他便缠着我要买，我说不买。这下可不得了了，他顿时坐在地上大哭起来，边哭边说，他最喜欢小汽车，一直想要小汽车，如果不买就回去告诉爷爷

奶奶、外公外婆，只要买了他就听话，以后什么也不要……以前在这种情况下，我就给他买了，但今天我却站着不动，告诉他不能买的道理。

可他根本不理这一套，咬紧牙关一个字——买！并且越哭越凶，最后，索性赖在地上不走了。这时，服务小姐及许多顾客都围了过来："现在都是独生子女，就给孩子买一个吧。"你一言他一语的，说得我真是尴尬极了，真想一买了之。可是一想起自己的计划，便又横下一条心：不买！我冷淡地对儿子说："你走不走？你真的不走？那我走。"我躲在楼梯口，很久才见儿子抹着眼泪跟了出来。

回到家里，我开始告诉儿子，他什么样的要求可以得到满足，什么样的非分之想会被拒绝。儿子似懂非懂地听着。

有了这第一次成功的拒绝后，我就继续进行我的计划，孩子的爸爸也和我站在一起，对孩子不合理的要求一律冷淡地拒绝。半年下来，孩子果然改变了不少，他的不合理要求、不良习惯少了，家长会上老师告诉我小凯是个懂事又独立的孩子。

这位母亲的教育方法是非常成功的，父母对孩子提出的不合理要求，冷淡地予以拒绝，正是对孩子负责任的表现，一味地言听计从，就是溺爱孩子、害孩子。

在孩子乱发脾气时让他尽情哭闹，一定不能妥协；但在他平静下来后，就不要再追究发生的事，而是温和地讲道理，这样孩子就会逐渐克制自己的脾气，让自己的行为向好的方向发展。

摸透霸道心理，教会孩子友爱待人

我们常常遇到这样的孩子，他们非常"霸道"，不允许其他小朋友碰自己的玩具、不允许别人吃自己的东西、非要将别人玩得好好的东西抢过来……很多家长面对这样的孩子也是颇为苦恼，倒不是他们觉得这样有多不对，而是自己孩子的行为引起了别人孩子家长的反感，让自己陷入到了尴尬境地。

刘明今年 8 岁了，是班上最"讨人嫌"的孩子，为什么这么说呢？你瞧，雅雅扎着两个漂亮的小辫子，正乖巧地坐在地上堆积木，刘明走了过去，一把抢过积木，雅雅不让，他就一把揪住雅雅的小辫子，雅雅痛得哇哇大哭；刘明平时最不喜欢吃胡萝卜，一天，学校给他们做了可爱的兔子包子，兔子的小鼻子就是用胡萝卜做成的，刘明咬了一口兔子的鼻子，发现它是胡萝卜做成了，立马吐了出来，邻座的小男孩看到了，对刘明说："把你不吃的胡萝卜给我吃好吗？"刘明看了对方一眼，一把从包子上拿下胡萝卜做成的兔子鼻子，直接放到了自己的口袋里，又回了对方一句："我待会儿吃！"

小朋友们都不喜欢和刘明坐在一起，因为他不是推推这个，就是挤挤那个，总之没有安静下来的时候。做游戏的时候又喜欢霸占其他小朋友的玩具，导致无论是上课还是课间，都没有人靠近他。

刘明之所以被其他小朋友疏远，主要是因为他喜欢捣乱、淘气、霸道，经常干扰其他小朋友。其实，刘明并不是想故意欺负人，很可能他只是想要通过自己的"特殊"来吸引其他同伴的注意，不成想，自己的做法却让小朋友更讨厌自己。那么家长该如何纠正孩子的这种霸道行为呢？

（1）认清孩子不愿意分享的原因

很多孩子不允许别人碰自己的东西，哪怕是平时和自己玩得还不错的小朋友。这是因为孩子清楚地知道"这是我的东西"，他的占有欲很强，当有人侵犯他的"主权"时，他就会通过哭泣、打人、耍赖等动作进行自我保护。如果孩子已经4岁以上了，仍然不懂得分享自己的东西，家长就要了解孩子不愿意分享的原因，并加以纠正。父母要明白一个道理，孩子终究要步入社会，只有懂得与人分享，才能得到别人的信任、支持和尊重，所以父母应当培养孩子慷慨、大方、谦让的美德。

由于家庭教育的缺失和父母的溺爱，导致很多孩子变得自私，不愿意与人分享，这对于孩子将来步入社会、融入集体是非常不利的。在现实生活中，不愿与人分享的孩子有很多，这虽然不是什么大毛病，可如果什么都不愿意与人分享，事事霸道，那么很难形成良好的人际关系。所以培养孩子的分享意识至关重要。

（2）为孩子营造和善、友爱的家庭氛围

当父母对孩子没有耐心的时候，常常会冲着孩子大吼大叫，甚至会让孩子"滚！"等到孩子稍微大点，就会和父母顶嘴，时间久了，孩子也形成了霸道的个性，逐渐形成悲观、消极、浮躁、骄傲、自大、自卑、偏执、极度、仇恨等负面情绪。它们如同愁云惨雾中的阴霾一般消逝着孩子的意志，炙烤着孩子的心灵。

反之，氛围和善、友爱的家庭，孩子的身上就会多一份责任感，能体会到家长的艰辛和不易，这样的孩子也更能积极向上，懂得体贴人，不会出现霸道的情况。

(3) 鼓励孩子交朋友

每个孩子的童年都有那么几个能玩到一起的好朋友，结交朋友是最普通不过的行为，同时也是至关重要的情谊。在交朋友的过程中，孩子可以认识到自身缺点，懂得从朋友的角度去思考问题，逐步克服霸道的缺点。家长一定要让孩子明白，友谊是自己一生的财富，而"霸道"是友谊道路上的绊脚石，只有懂得为他人思考的人才能拥有更多的朋友。

找到戾气来源，消除暴力倾向

一项心理调查显示：现在孩子越来越多地有暴力倾向。7 岁到 13 岁之间的孩子，23.9% 承认自己有通过暴力解决问题的想法。这是一个令人触目惊心的数字，父母们必须明白，孩子暴力习惯的危害，及早通过恰当的手段纠正这种不文明的行为。那么什么是儿童暴力呢？

儿童暴力一般表现为两类：

轻者为语言暴力，言语中表现出暴力倾向。动辄出言"宰了你，做掉你"等。又如日常生活中一些孩子玩着玩着，突然猛叫一声，吓得周围人一哆嗦，而他（她）自己却若无其事。此类言行也是儿童语

言暴力的典型表现。

另一类较为严重的则表现在儿童行动上，轻度的则是动手动脚加于别人。重者则是用暴力器械伤人，危害性极大，实在令人为之深忧。而据相关部门抽查，目前我国城市儿童三成以上有暴力倾向，稍不注意，就会诱发暴力事件。家庭、学校、社会都应给予高度重视。

造成孩子暴力倾向的因素来自多方面，但最主要还是来自家庭。不良的家庭环境、不正确的家庭教育方式，对孩子健康发展会产生极大影响。

有这样一个男孩：他是一个聪明的孩子，成绩优异、家境优越，父母对他宠爱有加。可他却在13岁那年，用刀捅伤了同学，进了少年劳教所。后来，他对发生在自己身上的悲剧做了反思："从小到大，爸爸妈妈给我的教育就是：只要学习好，犯了什么错都不是错，父母都不会责怪我。因此，我变得很任性。可能是任性使我变得越来越霸道，我的个头在班上最高，成绩也好，同学们都很服我。上中学时，爸爸妈妈告诉我要我学习好，然后就是在外不要吃亏，不要被别人欺负。如果我吃了亏，被别人欺负了，他们肯定会认为我窝囊，没有用。记得我小时候，有一次我带了玩具飞机去幼儿园，小朋友们抢着玩，有一个小朋友玩着玩着居然不给我了。我急了，夺过飞机就朝他脑袋上刺去，把他的头刺出了血。家里赔了人家钱，我很害怕，以为回家要被处罚。哪知道，爸爸妈妈并没有责备我。我读小学四年级时打了同学，同学父母找到我家里来，我爸爸向人家赔了不是。送走了人家后，他对我说，'看这小子，懂得教训别人了'。妈妈告诉我只要不被别人欺负，怎么做都行。当我去中学读书时，她对我说，现在的孩子都很霸气，你要是不让别人怕你，你就会被别人欺负。现在回过头来想想，我觉得父母对我的这些教育是不正确的，我在学校的打人习惯正是父母错误教育引导的结果。"

这个悲剧也引起了很多父母的反思，于是他们纷纷严厉管教孩子，纠正孩子爱打人的习惯。但是父母虽然有这个良好心愿，但往往不知道怎样教育孩子，因而往往产生反效果。

奇奇是个 7 岁的孩子，刚刚上小学一年级，不过半年来，他已经给父母惹了一大堆麻烦，为什么呢？就因为他爱打人！上学才三天，就把一个小女孩的膝盖踢破了，后来又把同学的头打破了，再后来还划伤了同学的胳膊……为了这些事，爸爸妈妈骂过他，打过他屁股，可他还是一犯再犯。有一天，父子正在看电视，电话响了，爸爸接完电话怒气冲冲地拉过奇奇就是两巴掌，奇奇委屈地大哭大叫，爸爸更生气了："说过一百遍了，不许打人，你还敢再犯，今天打死你算了！"爸爸又打了下去，这一次，奇奇竟然挣扎着用小拳头打爸爸，这让爸爸更生气了："真是太过分了，竟然打爸爸！"结果那天，爸爸狠狠地打了奇奇一顿后，把孩子丢回房间去"反省"。奇奇一个人在地上哭得稀里哗啦，不明白为什么爸爸可以打他，他就不能打人，最后他得出了一个结论，那就是他不能再打同学，只能打比自己小的孩子。

这是很可悲的，爸爸的"教育"只换来了一个消极结果。这都是因为教育方式不当造成的，如果父母能够用正确的方式教育孩子，那么孩子的暴力倾向是完全可以避免的。

（1）指出错误，点明其危害。比如在上文那个事件中，奇奇爸就不应该抓过孩子就打，而应该先让孩子知道自己犯了怎样的错误，要指出打人是一种野蛮行为，是为人所不齿的，没有人会和打人的孩子玩，再这样下去，他就会失去所有的朋友。

（2）分析。如果孩子之间发生了冲突，父母一定要保持冷静，不

129

要立即大声呵斥孩子，让他停止争吵，更不能因为害怕自己的孩子吃亏而护着孩子。应该让孩子自己说清楚发生冲突的原因，然后让他自己提出解决冲突的方法，或者为孩子提一些解决冲突的建议。

（3）说理。比如，当孩子在玩自己心爱的玩具的时候，别的孩子可能过去抢他的玩具，孩子急了就会打人。这时候，父母应该教育孩子对抢他玩具的小朋友说："这是我的玩具，让我先玩一会儿，等会儿我给你玩。"或者让孩子友好地与其他小朋友共同玩。

（4）对比。父母应当让孩子意识到，打人是一种让人多么不能容忍的行为。在孩子打了人后，就用对比法给他分析问题。例如："孩子，如果有人打破了你的头，让你流血了，那妈妈一定会非常伤心，非常难过，因为妈妈爱你，希望你永远平安。其他的小朋友也有妈妈，他们的妈妈也爱他们，你打伤了那些孩子，他们的妈妈该有多难过啊！"这种对比可以让孩子深刻认识到自己的错误，反省自己的做法。

（5）警告。父母应该告诫孩子不要用武力解决和小朋友之间的冲突。父母绝对不会原谅他的打人行为，如果孩子再犯这种错误，就将受到严厉的惩罚。

另外需要重点提醒的是，家长是孩子模仿的对象，如果家长经常用暴力解决家庭教育中出现的问题，孩子就容易在排遣自己的不良情绪时采取暴力。所以，对于有轻微暴力倾向的孩子，家长更不可"以暴制暴"。不要在烦躁的时候处理孩子的问题，待自己冷静下来，理智的时候，再和孩子沟通，向孩子示范如何控制自己的情绪。告诉孩子，如果对伙伴感到生气了，要清楚地告诉对方，他做了什么使你生气，而不是用暴力解决。要学会用时间来淡化冲突，或者在怒气上升的时候做些其他事情来转移自己的情绪。

CHAPTER 06

抚慰式沟通：
疏通孩子心理烦恼，提升孩子情绪自愈力

　　儿童的成长是一个前进而又曲折的过程，期间会伴随不同的年龄段而出现生理和心理的压抑和释放特征。当外来压力较大，或环境不适合身心需要时，孩子就会出现成长的烦恼。重视孩子成长中的烦恼，给予充分的理解和沟通，是保证孩子健康成长的前提。

别以为孩子还小，他就没有烦恼

烦恼是一种不健康的心态，它多来自内心的不安宁。其实，大多数烦恼是杞人忧天，担心的事情并不一定会发生，但是由于孩子的"免疫力"较差，因此烦恼往往会"乘虚而入"。于是，在一些家庭里便会出现这样的情况：

"妈妈，我睡不着。"

"是不舒服吗？"

"不是，我担心明天会下雨，班里组织的郊游就会取消呢。"

"儿子，你晚饭怎么只吃了一丁点儿呢？"

"妈妈，我吃不下，明天老师就要公布考试成绩了，我担心自己没及格。"

"妈妈，我不想去乡下姥姥家。"

"为什么？是不喜欢姥姥吗？"

"不是，我担心去了会像上次一样又停电，害得我连电视都看不上。"

那么，孩子们担心的这些事情真的都会发生吗？根据概率，99%不会发生。这些孩子的烦恼都是自找的，是杞人忧天。

心理学家告诉我们：自寻烦恼有百害而无一利，因为再怎么样的忧虑都无法解决任何问题，只会让自己的心情更糟糕，想法更消极而已。

孩子偶尔忧虑、烦恼并不可怕，可怕的是父母疏忽而不加以正确引导。孩子自己一时无法意识到烦恼对身心的危害，这样烦恼就会像章鱼的手一样，把孩子紧紧箍住，使孩子喘不过气来，从而给孩子的身心带来伤害。

每个孩子都会有烦恼，关键是看父母如何去应对。为了帮助孩子尽快走出烦恼的阴影，家长要注意以下几点：

(1) 孩子需要释放烦恼

家长应该接受并允许孩子释放烦恼，只要孩子的言行不是太过分，家长可以让他适度哭闹或大声吼叫，也许孩子会使用侮辱性词语，比如"我恨你"，家长要理解接受，因为孩子需要通过表达来释放，他真正的意思是"我非常生气，我想让你帮助我分担我的烦恼"。孩子能够将烦恼情绪及时释放是件好事，释放可以宣泄负面情绪，避免抑郁，使孩子形成健康、乐观的人格。值得一提的是，家长要意识到该怎样教会孩子合理地表达自己的感受。

(2) 孩子需要倾诉烦恼

家长要做孩子的倾诉对象，要经常站在孩子的角度去看、去想、去倾听，这样才能及时了解他烦恼的原因，从而帮助他摆脱烦恼。比如，孩子与小朋友争吵，小朋友占了上风，孩子心里会十分难受，家长一定要引导孩子主动诉说，如"你怎么了？有什么不开心的事吗？讲给我听一听吧"。家长只要能耐心倾听，让他发泄心中的怒气，孩子就会很快忘记心中的恨意，烦恼也许自然就消失了。

(3) 孩子烦恼时需要安慰

孩子若是因遇到挫折而产生烦恼，自然会希望从家长那儿获得理

解和安慰，家长的安慰能抚慰孩子受创的心灵。当孩子烦恼时，可能会满脸鼻涕眼泪地向家长哭诉，或是愤愤不平地抱怨其他小朋友。这时，家长先要能接纳他的情感，听听孩子的倾诉，然后根据情况适度的安慰。家长处理的态度一定要适度，要表现得很镇静，心平气和地和孩子讲话，既不能太敷衍，如"没关系，不要紧"，三言两语带过，这样孩子会觉得你不重视他的问题，对家长产生怀疑，也不要太严厉，一个劲儿说孩子的不是，这样会使他更烦恼。家长安慰孩子，是设法使他的烦恼在爆发后能够渐渐平息下来，但不应该是无条件地顺从。如果毫无原则地一味迁就孩子，就不能真正解决孩子的问题。

（4）锻炼孩子的承受能力

现在的孩子大多娇气、任性，一点儿小挫折就会引起烦恼。孩子爱表现是优点，如果演变成爱妒忌、心理承受力差的情况，不仅会自我烦恼，将来也很难立足于社会。所以，家长要从小锻炼孩子的承受能力，让孩子既经得起表扬，又受得了委屈。这样，孩子面对挫折才会越加勇敢、坚强，也就没有那么多烦恼了。

孩子易有小事心结，你要帮他破解

小孩或许都有一个习惯，那就是会将自己的心思纠结在所有的事情上。不管是大事还是小事，也不管事情值不值得关注，他们都可能会因为这些事情而打乱心思。尤其是一些小事情，根本不应该让孩子放在心里。

周六，陆明和儿子球球打算去爬山，这是在上周末定好的事情。这天早上球球很开心，陆明也在为今天的活动准备着，收拾着爬山要用的东西。说是爬山，其实也就是去山里散散心，儿子已经上四年级了，平时学习也很紧张，陆明也是为了让孩子放松一下。

突然听到"啪"的一声，陆明赶快朝儿子在的房间跑去，原来是球球不小心将照相机摔在了地上。儿子很喜欢照相，不管去哪里玩，他都喜欢带着照相机。但是这下可好，照相机被摔坏了，怎么也不出影了。儿子很着急，因为他今天想要拍很多的照片，周一上学之后，好将这些照片让其他小朋友们看。但是这下却没法拍了，他很是沮丧，眼泪都差点流出来。陆明希望自己能够将照相机弄好，但是相机似乎坏得挺严重，怎么也弄不好。

陆明看到儿子很是伤心，心想，其实这只是一件很小的事情，不能因为这件小事情而影响到孩子一天的心情。于是，他告诉儿子，其实不用照相机也能够拍照，他说："儿子，没有必要因为照相机摔坏了而不开心，今天我们的目的是去玩，去放松心情和锻炼身体的。到了那里，你是爬山还是顾着照相呢？再说了，如果你真的想要拍照，爸爸的手机也是可以的，并且效果也很好，所以没有必要因为这个事情不开心。"

儿子听到陆明说手机也能够拍照的时候，眼前一亮，变得开心起来。"爸爸，你的手机也能拍吗？让我看看。"陆明将手机递给了儿子，儿子拍了两张当作是实验。这件事情算是过去了，但是陆明觉得孩子不应该为这些小事情纠结，难道没有照相机，以后儿子就不去爬山

了吗？

在去爬山的路上，陆明看儿子十分开心，便对孩子说今天出来是为了放松心情和锻炼身体，这才是真正的目的，告诉儿子，他根本没有必要因为照相机的事情，在早上的时候发脾气。儿子听了陆明的话，点点头。

其实，孩子年龄还小，根本认识不到什么事情是小事情，什么事情是重要的事情，所以说这个时候家长就要做出正确的引导。如果当孩子在小事情上纠结的时候，在当时应该转移孩子的注意力，让孩子意识到什么事情才是最重要的，久而久之，孩子才会分清事物发展的主次，不再在小事情上斤斤计较。

生活中，家长们要怎样帮助孩子摆脱小事的困扰，关注更为重要的事情呢？

（1）先听孩子为什么事情发牢骚。孩子在不开心的时候，会将自己心中的不满或者是纠结毫无遗漏地告诉爸爸妈妈，在这个时候，家长就要认真地听听孩子的想法，以至于分析清楚孩子为什么事情发牢骚，才能够想到帮助孩子的方法。

（2）认真地给孩子分析什么原因才是阻碍他实现目标的关键。有些家长可能在听到孩子抱怨的同时，会跟着孩子一起抱怨。注意！千万不要这么做！这个时候，家长应该分析事情的原因和结果，从而帮助孩子找到值得去关注的步骤，让孩子忽略小事情的纠结和不快。只有这样，孩子才会在以后遇到同样的事情之后，学会自己去分析和克服小困难。

生气源于不满，引导孩子合理宣泄

看见自己的孩子在众人面前"脾气发作"，对父母来说是件很难为情的事情。一般情况下，当孩子当众有异常表现的时候，父母首先想到的是自己的面子，却很少有父母真正地去关心孩子此时的心情和情感需要。因此，父母便会对孩子的行为很快地加以压制。

实际上，这样做是不对的。作为训练有素的成年人，在父母的脑海中有成套的规矩，什么样的行为是可以接受的，什么样的行为是不应该发生的。在情感表达上父母也有明确的概念，什么样的情感是值得赞扬的，什么样的情感是不应该存在的。

而孩子却没有形成这样的概念。比如，孩子在 2 岁左右爱发脾气是一种正常现象。因为这一年龄段的孩子易冲动，自制力差，对挫折的容忍程度是有限的。孩子要到外面玩，父母不允许，为什么不允许，他不明白，有可能就要通过发脾气的方式表达自己的感情。而 4 岁以上的孩子，对挫折有了一定的控制能力，初步明白了一些事理，假如还频频哭闹、经常发脾气，那么其原因大多数在父母身上。

父母应该明白：发脾气是孩子正常的情绪宣泄，要允许孩子发发小脾气，但更要找到孩子发脾气的原因及安抚孩子。

雯雯一向很固执，对自己认准的事决不回头。假如不如意就发脾

气，找理由哭闹，妈妈对此感到非常头疼，总是提防着她的坏脾气爆发。

妈妈经常对朋友说："我家雯雯一般都很乖，就是脾气一上来，怎么说，怎么劝都不行，真是软硬不吃。"一天，一位朋友说："她总是有原因的吧？不会无缘无故就哭闹吧？"

妈妈留心观察，发现雯雯总是在父母不耐心或有恼怒表情后开始"发怒"，而且纠缠不清。妈妈翻开一些育儿书来看，其中讲到孩子对归属感的寻求，不禁有些醒悟。或许雯雯看到父母生气，会想到他们不再爱他，因此，有危机感，因恐慌而暴怒？

找到原因就好办了。有一次雯雯又闹起来，这次妈妈没有训斥或表现出厌烦，而是和颜悦色地拥抱着雯雯说："妈妈知道你心里难过，能不能告诉妈妈为什么难过呢？"这样问了一阵，雯雯终于吞吞吐吐地说："我看你刚才生气，以为你不喜欢我了。"

"傻孩子，妈妈怎么会不喜欢你，刚才妈妈情绪不好，因此，对你态度也就不好了。可是妈妈是喜欢你的，你要相信妈妈。"这样以后每当雯雯有迹象要发怒时，妈妈首先向雯雯声明她喜爱雯雯。这的确使雯雯平静了很多，不再没完没了地"找麻烦"了。

孩子脾气发作，不仅严重损伤孩子的情绪与生理状态，而且也使父母狼狈不堪，感到十分棘手。因此，父母要想方设法制止孩子哭闹、发脾气。怎样制止呢？一定要根据发脾气的原因"对症下药"，方能奏效。就像案例中的雯雯妈妈，妈妈发现雯雯发脾气的原因是担心妈妈忽视了自己，找到了孩子发脾气的原因，也找到了减少孩子发脾气的办法。

孩子的喜怒哀乐等情绪体验是毫无掩饰的，他们敢爱、敢恨、敢说、敢笑，这是孩子心理的一种优势，一种使得孩子能及时宣泄各种情绪能量的优势，他们自然流露这些情绪并不是什么可耻的事情，只要不扰乱他人的正常学习与生活，不伤及他人，就没有什么对和错之分。并且父母要鼓励孩子这样做。父母只有细心地观察孩子，理解孩子，允许孩子自由地表现，在理解的基础上进行引导，才能保证孩子的健康成长。

怎样了解孩子的情绪呢？

（1）给孩子发脾气的权利。如果孩子正为某事在气头上，要允许他发脾气。父母不妨先坐下，安静地等待孩子，安静地看着孩子，不去打断他的怒气，全神贯注地关注孩子，这等于告诉孩子：你是被我在意的，我在认真地注意你的感觉或问题。给孩子发脾气的权利，有助于孩子宣泄负能量，也是对孩子关爱的表达。

（2）父母自己不要经常发脾气。当父母火冒三丈时，要注意孩子很可能会模仿这种处理问题的方式。假如父母动辄勃然大怒，又怎能期望孩子控制好情绪呢？因此，为了培养孩子良好的性格，不乱发脾气，父母一定要以身作则，为孩子创设一个良好的家庭环境氛围，让孩子保持积极情绪，学会控制不良情绪的爆发。

（3）父母的教育态度要一致。当孩子发脾气时，千万不要在成人中间形成几派，有人不理睬，有人去哄劝，有人离孩子而去，还有人跑到孩子面前讨好，更不要当着孩子的面儿争论。彼此之间一定要沟通好，一旦孩子发作，全家人采取一致的态度。否则他就会更加哭闹不止。

（4）满足孩子的生理与心理需要。孩子处于饥饿与疲劳状态时，易发脾气。这一点父母都很清楚，但对孩子心理需要却重视不够。孩

子有游戏与交友的需要，父母对此能否正确对待，对孩子是否发脾气有很大影响。还要培养孩子的广泛兴趣与爱好，在不影响孩子学习的前提下，可引导孩子学习绘画、下棋、弹琴等，以逐步培养孩子豁达的性格。

（5）转移孩子的注意力与松弛训练。在孩子生气时，父母除了表示理解与关怀外，还要尽量转移他的注意力，引导他做些愉快的事情。对大一些的孩子可通过各种体育活动来达到其精神与身体的放松。有规律的深呼吸也有助于孩子身心松弛。

（6）及早发现孩子发脾气的苗头。发现孩子发脾气的苗头后，父母要鼓励孩子把心中的不快倾吐出来。一旦发现孩子有发怒的可能，父母应立即提醒他。并搞清哪些事情正在困扰着孩子，并向孩子提供一定的帮助。

（7）让孩子有适当发泄的机会。假如孩子的坏脾气已经形成，第一，可以采取冷处理的方式，在其发脾气时故意忽视不理，让他慢慢冷静下来。第二，可以选择适当的方式让他发泄出来。如通过交谈帮助孩子把怒气宣泄出来，或者让孩子去跑步，或者去大声地唱歌等等。

据理替孩子辩护，消除孩子的委屈

很多家长经常拿自己的观念去要求孩子，所以常常在这方面产生矛盾。护短不好，拿成人的观念去要求孩子也未必恰当。家长应该是孩子的辩护律师，辩护律师的职责是依法替被告洗清嫌疑或替他寻找可以减轻罪名的证据，但只是辩护，绝不是鼓动犯罪。家长据理替孩子辩护，这样才能消除孩子的委屈，增加自己与孩子之间的感情。

13岁的小军一进门就把书包一丢，气呼呼地说："我讨厌开校车的马伯伯，他今天骂我蠢、笨，还连说三次，又打我的头。"

爸爸："你一定惹他生气了，不然马伯伯怎么会无缘无故地打你。"

小军："谁惹他了？我在跟别人聊天。"

爸爸："马伯伯可是个好人，他可能太累了，火气大，你们一车调皮的孩子，吵吵闹闹，他不烦才怪，我敢说他对你没有恶意。"

小军不以为然，大声喊道："你就只替他说话，护着外人，而不把我当回事。"说着就气冲冲地跑出去了。

爸爸这么说，当然会使孩子生气啦！孩子自己认为受了委屈，如爸爸再来讲他的不是，袒护外人，这对他们是不公平、不合理的。如，孩子由于纠察队的粗暴、老师的偏心、邻居的闲话等而和他们发生争

执，如果爸爸不替自己的孩子辩护，反而替这些人说话、找理由，孩子能服气吗？

有些家长可能认为帮自己孩子会把孩子宠坏，只有让孩子去吃苦头才是帮助孩子学会做人的好方法，这种想法只会造成孩子与家长的疏远。家长应像辩护律师一样做孩子的维护人，据理替孩子辩护，这样才能消除孩子的委屈。

巧妙提问，引导孩子说出心里话

父母与子女的沟通，应该是随时随地进行的，饭桌上闲聊、卧室里谈心，孩子刚刚放学时的询问，一家人逛街、看电视的空闲，都是了解孩子，增进亲子关系的好时光。与孩子交谈，首先要制造一种和谐的气氛，说句笑话，讲点令人高兴的事情，拉近了感情距离，效果就会好得多。

交流的目的，是更好地了解孩子，所以，让孩子多开口是要放在第一位的。通过多种方式的提问，父母不但能够了解更多的信息，还可以使提问的过程同时成为一个点拨式教导的过程，在与孩子的一问一答中，自然而然地达到了解的目的。

儿童心理学家总结了以下几种比较实用的提问方式，家长们不妨参考一下：

（1）敲门砖式提问

这种提问方式主要是为了引导孩子的叙述，比如："你的观点是……"然后，停下来等孩子说。其特点是，你问孩子一句话，就够他说好长时间了，你需要的信息也就反馈回来了。

像这样的提问还有："那你觉得……""你感觉……""你以为……""你认为……""后来呢？""到底是怎么回事？""你是怎么想的？""你还有什么意见？"等等。

（2）体贴式提问

比如：孩子说他很烦，并说了一大堆对朋友和学校不满意的话。那你可以这样问他："同学们为什么不理你？""你学习有什么困难？""你希望妈妈怎么帮助你？""你还有什么要求？"

（3）重点式提问

对谈话中的重要部分提出疑问："你说根本没有希望了是什么意思？""你真的要放弃比赛吗？""你是什么时候发现开始出现这种情况的？"

（4）重复式提问

当孩子对你说了许多事情和他的想法之后，你可以说："你看我理解得对不对？你觉得是不是这么回事？"主要是为了确认，同时传递理解和关怀，理清谈话的内容。

（5）选择式提问

"要独立完成呢？还是让老师再给你找个搭档？""你看是自己复习呢？还是让表姐帮你复习？""这件事情你是自己向老师讲呢？还是妈妈去和老师说？""你是因为他不帮助你而生气？还是因为自己没有做好而自责？"

这样问话的好处是，你已经把孩子回答的答案圈定了，孩子大多会从中选择一个，不会提出否定的回答。

(6) 封闭式提问

为了快速启发孩子，达到教育目的，就要学会提问封闭性的问题。比如问："这样做行不行？"孩子就会对你提出的建议和看法表示明确的赞成或反对。诸如："可以吗？""是不是？""行不行？"这类的问话都属于封闭性的。封闭性问题在有足够说服把握的时候非常有用。谈到一定程度，你觉得孩子会说"是""好""可以"时，及时提出这样的问题，他的思路就会被引到你的观点上来，并自觉地按照你的意愿做。这个时候要注意，如果孩子不是口服心服，结果并不会理想，还会有隐患存在。

家长们需要注意，提问是为了点拨孩子，而不是斥责孩子。因此，不要提一些尖锐的、让孩子感到难堪的问题。你的问题应该是温和而又能够引导孩子思考的。

同时我们还要注意，和孩子谈话，不是对孩子训话，而是重在思想交流。孩子常常渴望表达自己内心的感受，希望父母重视和理解自己。所以爸爸妈妈应该主动引导孩子说出他的心里话，听了孩子的话后，应及时反馈，使孩子觉得"我被理解了"。

非语言沟通，无声抚慰孩子的心灵

对于敏感、善于观察的孩子来说，父母的非语言沟通方式往往更能起到教育的奇效。尤其是在一些具体的情形中，非语言沟通往往会更易表达出某种特定的含义。

按照对孩子要多赏识鼓励，少批评打击的原则，我们有必要重新认识以下 3 种最重要的非语言沟通形式。

（1）拥抱

美国著名心理学家赫洛德·傅斯博士的研究发现，拥抱可以让人更年轻、更有活力，它还能让人们之间的关系更加亲密。经常与父母拥抱的孩子，心理素质明显高于与父母关系紧张的孩子。

拥抱是一种无言的力量，拥抱孩子可以让她在身心放松的同时，感受到父母用肢体传递给自己力量，就像是你在对她说："宝贝儿，你一定能行！"在孩子产生压力时，这种潜藏在内心的力量就会推动他尽快地把压力给释放掉，轻装上阵，从容应对。聪明的家长应该考虑一下，尽量多地使用这种既廉价又效果显著的交流沟通方式。

（2）抚摸

抚摸是孩子的一种心理情感需要，也是他们感受父母爱抚的一种非语言方式。家长可以通过抚摸孩子的手、脚、身体、头等部位向孩

子无声地传达信息。

摸摸脑袋，孩子就能感受到对他的赞赏和鼓励。当孩子向你展示他的优异成绩时，你可以快速地摸一下他的脑袋，说："行呀，宝贝！"这要比干巴巴地说一句"做得真不错，继续努力呀！"要让孩子开心得多。当孩子情绪低落的时候，摸摸脑袋能让孩子体会到你的安慰。自己的情感获得了关注，孩子的心里会觉得比较舒坦。这要比苦口婆心地劝说要有效得多。家长们要记住，不管是哪个年龄段的孩子，都喜欢被父母抚摸脑袋。

轻轻抚摸孩子的头发，表示对孩子的无限爱意。比如，妈妈帮助女儿梳理头发，并自然地抚摸一下，孩子会体会到妈妈传递过来的爱意，觉得非常的愉悦。对处于困难中的孩子来说，家长可以用这种方式来表示自己的爱，并鼓励孩子战胜困难。

（3）微笑

微笑是一种最为常见的心情表达方式。它会给人一种亲切、友好的感觉，微笑会让人感到善意、理解和支持。

生活中的微笑太多了，然而，最特殊的还应该是父母的微笑，这是任何笑容都无法比拟的。它包含了父母对孩子纯洁无私的爱：受伤时，微笑会给孩子无限的关怀，抹去他心中的伤痛；脆弱时，它又能给孩子信念，使他坚强，让他信心百倍地面对挫折；成功时，它可以作为褒奖，给孩子鼓励；犯错时，它可以作为宽容，让孩子自省。

既然微笑作为一种表示理解、鼓励、欣赏、友善的姿态为人们所接受，就让我们收起你那板起的面孔，慷慨地微笑吧！请记住，孩子需要你们的微笑，就像我们需要阳光、空气和水一样！

一个眼神、一个微笑、一个亲吻；摸一下小脸、擦一下眼泪、拍一下肩膀、打一下小屁股……就能消除亲子矛盾，和谐亲子关系，安抚孩子的情绪，滋润孩子的心灵，起到事半功倍的亲子沟通效果，家长们又何乐而不为呢？

别把"男儿无泪"用在孩子身上

自古至今，人们习惯了这样来要求男性，那就是"有泪不轻弹"。于是，很多家长在看到自己的儿子无缘无故哭泣的时候，或者是不知道怎么样来哄孩子不要哭的时候，会说上一句"你是小小男子汉，男儿有泪不轻弹"，以为这样教育男孩，他们就会变得十分坚强，其实不然。不管是男孩还是女孩，在孩子的童年时代，泪水应该伴随着他们成长。对于男孩来讲，他们也有不开心的时候，也有感觉到委屈的时候，如果在这么小的年龄段就压制他们哭泣的情绪，那么对他们来讲是不是有点太不公平了呢？

一个孩子的性格会影响孩子的一生，一个男孩爱哭，那只能证明他的情感丰富、充满童真，如果他在儿童时期就不善于表达自己的喜怒哀乐，压制自己的心情，那么长大之后怎么可能会变成一个开朗乐观的人呢？作为家长，不应该总是用"男儿"的高帽子压在小孩的头上，在他们的年龄段应该允许他们肆无忌惮地哭泣。

当孩子因为淘气而闯祸之后，家长们会冲着儿子大吼，吼完之后

儿子往往会因为害怕而号啕大哭，这个时候家长们还会嚷道："哭什么哭，你还有资格哭了，看谁家男孩子像你这么爱哭。"或者是当孩子因为想要一个新玩具而在玩具店前哭闹的时候，作为家长的你可能也会说道："宝贝，你看人家多听话啊，从来就不哭。你是妈妈的小男子汉，小男子汉是最听话的，是从来不会轻易流泪的。"家长们以为这样就能够培养出坚强的儿子，但是却不知道这样的言语只会加重孩子心里的负担。

家长们认为一个男孩如果从小养成了爱哭的习惯，那么长大后也不会变得勇敢坚强。那么反过来讲，现实生活中，那些不爱哭的男人，难道真的是坚强的或者是勇敢的吗？很多男人不哭是因为他们不懂得表达自己的情感，是因为他们内向的性格，而并非因为坚强或者勇敢。所以说，哭泣和坚强不成正比，男孩就应该在不开心和受到委屈的时候在大人面前哭泣。

林莹莹的儿子已经5岁了，平时很少跟幼儿园的小朋友打架，可今天不知道怎么了，儿子的老师打电话说儿子小凡在幼儿园和一个小男孩抢夺玩具，并且把那位小朋友惹哭了。

林莹莹很着急地来到幼儿园，老师看到她来了之后，便开始对她抱怨个不停："你家小凡最近也不知道是怎么回事，以前在课堂上是十分活跃的，也很少和小朋友闹意见，可是最近他不但很少说话，而且也很少笑。平时跟他玩的小朋友也都不怎么愿意和他玩了。今天他又跟其他小朋友抢玩具，还打了别的小朋友，别的小朋友哭得一团糟，他像是没事人一样。你们父母最近没有发现孩子的情绪有点不正常吗？"

林莹莹听完老师说的话，心中有点不解。"没发现有什么不正常的呀。"林莹莹说道。正在这个时候只听儿子对那个哭泣的男孩嚷道："你还好意思哭呢，男孩从来都不哭的，真没出息。"听到儿子说这句话，她突然想起了上个星期和儿子去买玩具，他要一个两百多块钱的玩具，自己没舍得给他买，他就开始哭闹，当时自己也是这样说儿子的。还有一次，给孩子打疫苗，儿子不想去，便开始哭闹，她就说："男孩哭鼻子是最丢人的，别的小朋友最不喜欢哭鼻子的男孩。"林莹莹心想可能是自己的这些话触动了儿子的内心。

后来，林莹莹将这件事情告诉了一名儿童心理咨询师，才知道原来是自己的"男儿有泪不轻弹"的思想让孩子的情绪变得压抑了，他因为在委屈的时候不敢哭泣，以至于在开心的时候也不想微笑，从而就形成了老师口中的"不正常"。

其实，男孩也需要发泄自己的情绪，他们毕竟不是大人，他们的心灵需要有脆弱和发泄的机会，不要以要求大人的方式来要求孩子。即便你家的宝贝是男孩，也不要采取抑制他情绪的方式来让他变得坚强。一个不懂得表达自己情绪的人，怎么可能会懂得让自己变得坚强呢！

生活中，家长们要如何面对孩子的号啕大哭呢？

（1）弄清孩子哭泣的真正原因和目的。男孩子爱哭，一般不是因为摔跤了而哭，大都是没达到他的要求和目的，以哭来"要挟"。当然他不知道什么是"要挟"，他们只是想要通过哭来让爸爸妈妈满足自己的要求。还有一种情况是因为受不得一点委屈，譬如和小朋友抢玩具，抢输了便会哭。这两种原因是男孩哭泣的主要原因。

（2）弄清孩子哭泣的原因之后，正确地去解决。当孩子想要得到某件东西而哭泣的时候，家长需要做的是先不要理睬他，更不要一见

孩子哭就训斥孩子，不许孩子哭。等到孩子的情绪稳定下来之后，再耐心地跟孩子讲道理，告诉他不是每件想要得到的东西都是能够轻易得到的，让他明白其中的道理。

(3) 语言上不要跟别的孩子进行对比。教育学家发现，孩子最反感的事情之一就是和比自己好的孩子进行比较。比如当孩子哭泣的时候，家长们经常会说"你看人家某某某从来就不哭，多听话呀，你怎么就知道哭呢"等等，这些话无疑是对孩子内心的一种蔑视，让孩子感觉到自卑，更不利于孩子建立坚强的性格。

CHAPTER 07

治愈式沟通：
关注孩子心理阴影，带领孩子
远离心理疾病

　　健康心理是孩子人格完善的必要条件，是孩子的精神发展的内在基础。心理有问题，孩子的发展就会受到限制，成年以后就有可能出现人格障碍或心理疾患，不能适应社会生存的要求。关注孩子的心理健康，进行良好的心理干预，是家长必须要学会的功课。

让孩子乐观，是父母最重要的功课

乐观的孩子，即使身陷困境，也会发现有利于自己的契机，悲观的孩子，即便身处幸运之中，看到的也只是阴霾。前者毫无疑问是快乐的，而后者怎么看都是不幸的。

只有养成乐观的性格，孩子在实际生活中才能发现更多的机会，结果实际上也就真的更走运。这里面的道理并不复杂。认为自己是幸运儿的人，他心理上本来就会更放松，也会表现得更自信，所以他的状态更好、发挥也更好。而他给别人的暗示同样也会影响对方的反应，再反过来得到好的互动。

在希望英语大赛上，来自青岛的张宇琦之所以被人们记住，不仅仅是因为他获得了小学组全国总冠军，相信更多的人也同时记住了他一脸灿烂的微笑。

不管是在晋级赛中，还是在最后的一场冠军 PK 中，他的脸上始终洋溢着微笑，在"对手"陈述自己的观点的时候，他在微笑；在"对手"和他辩论的时候，他在微笑；在有限的回答评委提问的过程中，他还是在微笑……

张宇琦用自己良好的英语口语表达能力和丰富的知识征服了评委和观众，也用他的微笑征服了所有的人。

由此可见，一个脸上经常挂着微笑的孩子，更容易比普通的孩子成为人们的焦点，获得赞誉。所以，家长应该不遗余力地培养孩子的乐观性格，要让他像花儿一样微笑。

当然，乐观的性格可能有遗传的成分在里面，但关键还是要靠后天培养。在孩子成长的过程中，父母除了要用自身良好的性格去影响孩子以外，还要与孩子做好良好沟通，并让孩子与外界多接触，特别是与同龄人的接触，这样对培养孩子的好性格大有益处。

要培养孩子乐观开朗的性格，家长应该注意以下几点：

（1）父母要用正面的、积极的情绪去感染孩子

如果父母本身就不愿多与人交往，甚至与邻居之间也不相往来，更没有什么关系较好的朋友，工作之余也不带孩子去外面玩，那么，父母性格中那些消极的、负面的因素就会在潜移默化中影响孩子，使孩子也养成不愿活动，甚至不愿与人交往的不良习惯。

（2）要为孩子创造一个温馨、和谐的家庭氛围

如果孩子在一个幸福、温馨、充满快乐的家庭里长大，孩子的心灵中就会只有阳光，而没有乌云或其他阴暗的东西，这样也会变得心胸开阔。由于经常能得到家里长辈们给予的爱和关心，孩子也会渐渐学会去关心他人，这样就能更容易赢得他人的友谊。

（3）不要强迫孩子和自己同悲同喜

有的父母在工作中受到挫折或人际关系出现危机时，回到家里就唉声叹气、无精打采，而且经常会把孩子当成发泄"怨气"的对象。父母会无缘无故地呵斥孩子，极个别的还会对孩子大打出手。其实，孩子也有自己独立的人格，父母不应该要求他们无论什么事都与自己保持"步调一致"，更不能强求他们与自己同悲同喜。

(4) 帮助孩子摆脱悲观情绪

人类的所有行为，无论是悲观，还是乐观，都是"学"来的。因而悲观者的悲观性格，并非只是"命中注定"，大部分是后天养成的。悲观者也可以转变为乐观派。当父母发现孩子有悲观的情绪时，要帮助孩子摆脱，而不是放任不管。

孩子的天性是活泼的、乐观的。之所以有不开朗的孩子，主要是外因作用于内因的结果。父母要反省自己的行为，不要将自己的外因作用于孩子的内因，影响孩子活泼、乐观、开朗的性格。

孩子更需要爱，告诉孩子你爱他

孩子们需要爱。尽管每个人都需要爱，但是孩子更为需要，这就像一棵新生的树苗比一棵长大了的树更需要阳光和水分一样。孩子得到爱，才能去爱别人；得到爱，才能去爱生活。正如蒙台梭利所说："没有爱，一切都是枉费。"

有一个女孩，她的性格忧郁、孤僻，在别人面前总是沉默寡言，于是，母亲领着女儿去看心理医生。心理医生告诉这位母亲，也许是她的含蓄、内向的表达方式影响了孩子，试着对孩子说"我爱你"可能会有所改变。这位母亲半信半疑，又觉得"我爱你"三个字说不出口，于是，找了个机会，在孩子面前说了句："孩子，你别看妈妈没说过什么，其实，妈妈是很爱你的。"想不到孩子听完后愣住了，眼睛里闪着泪光，半晌说出一句话："我从来不知道你爱我，我还以为你根本不爱我呢！"

如果孩子感受不到父母的爱，那无疑是父母最大的失败。

父母的温暖、值得依赖的反应，会给孩子安全感，使他更敢于探索，更敢于走出家庭，走向社会，他会更自立，建立更好的生活。很多研究都表明，感受到被爱的孩子，有更好的社交能力，工作学习起来也更有热情。所以爸爸妈妈们完全有理由，有意识地表达你对孩子的爱，让孩子沐浴在爱的阳光中。

有一位年轻的母亲鉴于自己曾深受性格内向、不善表达之苦，下决心在孩子的身上扭转这一局面。女儿出生不久，她就经常抱着孩子对他说"我爱你"。到孩子1岁多时，她常和孩子做一种"亲子游戏"，她问孩子："爸爸妈妈最爱谁？"孩子会习惯性地回答："宝宝。"她再问："宝宝最爱谁？"孩子则快乐地回答："爸爸妈妈。"这个孩子很小就受到爱的熏陶，出外就知道爱护比她更小的幼儿。孩子两岁多时，说过一句话："大家都喜欢我。"这让母亲觉得很欣慰，因为这正是她通过各种努力希望孩子明白的事情。孩子上了幼儿园，有个别家长经常找老师"套近乎"，给老师送礼，要求关照孩子。但她从不这样做，因为她知道一个对自己有信心，同时对别人充满爱心的孩子，完全可以凭着自己的表现赢得老师的喜爱。元旦来临了，孩子想给班上的老师寄张贺卡，却不知该写些什么。她先问清楚孩子想对老师说的话，然后帮孩子写上："老师，我爱你。"老师收到贺卡后，很是感动，自然也更喜欢这个孩子了。学期结束时，在这个孩子的《成长纪念册》上，老师对他的评价是："你通情达理，聪明好学，积极进取，表现欲

强。特别是你有着美好的情感世界，对每个小朋友都很友善。你是我们班小朋友的骄傲。"

孩子如果对自己得到的爱感到满足，他的心中就会充满种种美好的感情，不必任何说教，他就能自然融入周围的世界，获得别人的喜爱。

那么，我们如何才能让孩子感受到温暖的、源源不断地爱呢？作为父母，必须要告诉孩子"我爱你"，告诉他，无论他做错了什么事，无论他的成绩好坏，无论别人是否看得起他，父母永远都爱他，他永远是父母最珍爱的宝贝。那么，孩子就有了面对人生旅途上的失败和磨难的勇气和自信。因为他知道，哪怕全世界的人都不喜欢他，都不接受他，至少，还有父母爱他，还有一个温暖的家永远在等待着他的归来。相反，孩子如果认为父母不喜欢自己，就很容易得出"我不讨人喜欢""没有人爱我"的片面结论，从而影响其性格的健康发育，甚至会影响其一生的幸福。

送份特别礼物，温暖孩子的心灵

礼物对于孩子来说，具有非常的意义。孩子更关注人与人之间的关系，他们内心极渴望得到父母的疼爱，有时候，一个小礼物，就会让孩子获得心灵的温暖和支持，孩子要先拥有爱，然后才谈得上健康成长。

因为爸爸妈妈工作忙，侯悦欣是由外公外婆带大的。上完小学三年级后，父母把她接回身边，但很快发现，小悦欣并不快乐，每天写完作业，就坐在窗口前发呆，心里不知想些什么。又过了一阵子，小悦欣吞吞吐吐地告诉父母，不想在这儿上学了，还想回到外婆家去。

通过仔细的询问，爸爸妈妈发现，侯悦欣不喜欢新学校的原因是和老师同学都不熟悉，课余时间，同学们在一起谈论到哪里去玩、吃什么新奇的东西等话题，侯悦欣也插不上嘴。渐渐地，就由于与环境格格不入而产生了厌学情绪，干什么也提不起精神来。妈妈觉得，在这种情况下，调动起女儿的情绪，培养出女儿的信心是最为重要的。

星期天，侯悦欣一家三口穿戴整齐，手拉手去逛植物园。回来的路上，妈妈带侯悦欣来到路边的礼品店里，要提前给她准备下星期的生日礼物。一家人仔细商量了之后，挑选了几种新潮玩具。其中有一款是悬浮陀螺，是利用磁体同极相斥原理和陀螺定轴性理论研制而成的具有反重力科技玩具，可以考验操作者的平衡协调性，提高分析能力和想象力。通过精心演练，陀螺会悬空飞浮，景观奇特，令人产生无穷的乐趣和遐想。

侯悦欣高兴极了，脸上露出了久违的笑容。以后家里来了客人，侯悦欣的悬浮陀螺游戏就成了保留节目，看到大家惊讶的表情，她总是要热心地指点他们亲自体验一把。一直过于内向的性格，慢慢地也改变了很多。

父母是孩子最好的老师，在这种一对一的环境中，我们完全可以通过一些合适的小道具，把孩子引入新的情境之中，从而改变她们目前不太让人满意的状况。从改善性格、发掘潜能的意义上讲，连送给孩子的礼物，也应该是要用心挑选的。

礼物"多"和"贵"对于孩子是没有意义的，我们关心的重点，

应该是能不能给孩子一种比较深刻的印象，他能不能从中受益？

现在的物质极大丰富，孩子几乎要什么有什么，这就使他们对"给予"缺了点敏感，而且孩子们很多时候对一样东西只图个新鲜，时间久了，便会喜欢上另一样东西。如何让孩子记住这份礼物？"特别"就显得很重要。"特别"不仅指礼物本身，也可以指送的方式，比如选一个特殊的日子送给他，或者事先询问孩子最想要的礼物，把送礼当成一件"正事"来办，这都能够提升孩子对于礼物的兴趣，让礼物的实际功能和潜在意义都充分发挥出来。

玩具不仅有玩耍功能，还具有对孩子存在的心理问题进行矫正的功能。家长可以根据孩子不同的心理问题选择玩具。比如，我们可以为缺乏耐性、注意力不易集中的孩子提供积木、棋类、串珠等需要"静心"的才能玩得好的玩具。经常玩这类玩具，有利于培养毅力和注意的坚持性。给内向的孩子买些特别"好"的玩具，让其有"资本"吸引其他孩子，并从中获得与人交往、分享的快乐。

找到压力根源，帮孩子管理压力

适当的压力可以激励人努力向上，没有压力会使人疲乏、懒散，但压力太大又会使身心无法承受而出现心理问题。有研究表明，在中小学生中普遍存在厌学、考试焦虑和作弊以及青春期烦恼的问题，有不少学生还有性格狭隘、孤僻、懒惰和任性的毛病。作为父母，有责任帮助孩子克服压力，因为对孩子来说，父母是最重要的影响力量。

要想帮助孩子克服压力，先要了解孩子心理上有什么压力，压力从哪里而来。所以，必须听听孩子的倾诉，要抽出时间和孩子面对面地交谈。交谈时要专注，和蔼地看着孩子，认真地听他说话。只有父母肯把心交给孩子，孩子才肯把心交给父母。这样，才能了解孩子心理压力的真实情况，才能够针对问题帮助他们。

杜刚今年马上就要参加中考了，学习负担骤然增加。每天有写不完的考卷，背不完的课文、公式，杜刚渐渐有点"力不从心"了，最近，他总有一种喘不过气的感觉，心理压力仿佛已经超出了他所能承受的限度。杜刚的精神状态变得非常不好，学习成绩也随之退步了许多。

杜刚的变化，他的父母是看在眼里的。可是，杜刚不想让父母担心，他觉得自己能够"撑住"。

这两天，杜刚出现了食欲不振的情况，爸爸为此很心焦。他温和地询问孩子道："你最近学习很辛苦吗？"

杜刚点点头，说道："功课越来越多，而且，我现在觉得心理压力好大，可是我又不知道怎么排解掉。"

爸爸轻轻地握着杜刚的手，说道："能和我说说你的心理压力吗？倾诉是最好的缓解心理压力的办法。"

后来，在爸爸的帮助和引导下，杜刚终于克服了种种心理压力，以正常健康的心态面临即将到来的中考。

压力可以有，但绝不能过了头。尤其是孩子，孩子的抗压能力一般都不强，有压力，他们会不知所措，很容易焦虑，情绪会受到挤压，

所以当发现孩子出现心理压力过重的情况时，父母一定要加以恰当的引导，这样，孩子才不至于心理崩溃。事实上，无论是过分的压力还是适当的压力，只有在父母的管理下，才能成为孩子成长的踏板。

（1）别给孩子太大压力，毕竟他们还没有完全长大，没有很好的解压方法，当压力积累、膨胀到一定程度时，孩子的心理就很可能会因无法承受而走向崩溃。在日常的教育中，家长应该适当地对孩子提出要求，不要给孩子施加过多的压力。

（2）要关心孩子的成长，鼓励孩子培养有益身心的兴趣爱好，多参加一些学校组织的课外活动，这对纾解孩子的心理压力是大有裨益的。另外，最好不要强迫孩子学这学那，应该多听听孩子自己的意愿。

（3）帮助孩子面对恐惧。有时候孩子会因为自己和别人不一样，比如不跟别人一起逃学，不跟着别人作弊、抽烟、抄作业等而受到嘲笑，甚至受到孤立，孩子会感到恐惧，不知所措。这时，父母应当教导孩子要坚持原则，不对的事一定不能做，让孩子知道，能够做到不随波逐流是很不容易的，这正是一个人成熟的表现，也是有主见、有头脑的表现。

（4）和孩子一起分享自己的经验。父母小时候一定也曾经遇到过孩子今天的状况，当时是怎样对待的或现在遇到了什么难题又是怎样处理的，这些都可以和孩子分享。当孩子知道了父母原来也常常会面对压力和烦恼的时候，他们对父母说的话就比较容易听进去了。父母告诉子女自己是怎样应付压力的，那实际上是为孩子树立了一个很好的榜样，也就增强了孩子克服压力的勇气和信心。

重视情感体验，帮孩子摆脱抑郁

12岁的苗苗告诉网友，她觉得活着好没意思，觉得没有任何人喜欢自己，不知道为什么活着，好绝望。寒假的时候，她大部分时间都待在家里，只是看看书，事实上，她拒绝联系她的朋友们。苗苗夜里经常失眠，总是担心成绩下降，担心爸爸妈妈不喜欢她，担心失去朋友。因为太累，她开始早上不愿意起床，经常感到胃疼，并且担心去学校以后不知道要和谁说话。

苗苗妈也曾带苗苗到医院检查过身体，但并没有发现什么疾病，可是苗苗的精神状态越来越差，对什么都提不起兴趣，最后爸妈带着苗苗去看心理医生，才得知她得了重性抑郁障碍。

像苗苗这样的事情并非个例。在北京召开的第 28 届国际心理学大会上，有专家提出，中国目前约有 20% 的儿童出现不同程度的抑郁症状。这让很多父母百思不得其解，一个小孩为什么会得"大人病"呢？事实上，抑郁没有明确的年龄分界，儿童及青少年抑郁症，可能比我们所想象的要离我们更近，只是他们的抑郁往往被父母所忽略，不正确地归结为情绪问题。

毫无疑问，孩子的心理承受能力远远要低于成人，当他们遭遇一些强烈刺激时，如过度的惩罚、缺乏家庭的温暖、父母离异等情况，

就很容易造成消极的认知背景，心理上倾向于贬低自己，产生绝望的情感体验，并且对事物做歪曲、夸大的理解和消极的认知。这种状况如果不能及时得到改善，孩子稚嫩的心灵必然无法承受，最后就会出现精神抑郁等失常情况。

抑郁的孩子自己都不知道自己哪里做错了，可他们就是不开心、不快乐，觉得自己的生活一团糟，无法控制好自己的心情和生活。在这个时候，如果烟、酒、毒品可以帮助自己"排忧解难"，他们就会走向这些东西。抑郁严重的患者甚至会选择自杀。既然抑郁的危害这么大，家长该如何帮助孩子摆脱抑郁，重新恢复童真的笑脸呢?

(1) 不要对孩子"控制"过严

家长应当让孩子在不同的年龄段拥有不同的选择权。比如，孩子3岁的时候允许孩子选择午餐吃什么，孩子4岁的孩子允许他们选择自己想穿的衣服，孩子5岁的时候允许他告诉妈妈自己想买什么玩具……只有从小让孩子享有选择"民主"的权利，孩子才能自立。

(2) 鼓励孩子多交朋友

多数抑郁的孩子都不怎么善交际，他们由于享受不到友情的温暖而感到孤独寂寞。性格内向、抑郁的孩子更要多交一些性格开朗、活泼的朋友。家长应该教会孩子与他人融洽相处，培养孩子快乐的性格，让他们内心充满光明。父母可以带着孩子接触不同年龄、性别、性格、职业和社会地位的人，让他们学会与不同的人融洽相处。父母也应该从自身做起，和他人相处融洽，真诚待人，为孩子树立好榜样。

(3) 让孩子爱好广泛

乐观开朗的孩子大都涉猎广泛，兴趣颇多，如果一个孩子只有一种爱好，那么他是很难保持长久快乐的，试想：如果孩子只喜欢玩电脑，没有手机电脑时就没事可做，那么他很容易郁郁寡欢。如果孩子喜欢看书的同时还能热衷体育活动、饲养小动物、参演话剧等，那么他的生活就会变得更加丰富多彩，他获得的快乐也会更多。

（4）引导孩子摆脱困境

哪怕是天性乐观的人也不可能事事顺心，但他们中的大多数人都可以迅速从失意中重新奋起，同时将一时的沮丧丢在脑后。父母最好在孩子很小的时候就开始培养他们应付困境的能力。如果一时不能摆脱困境，家长可以教育孩子学会忍耐、随遇而安，或在困境之中找到另外的精神寄托，如球赛、游戏、聊天、逛街等。

（5）让孩子拥有自信心

自卑的孩子很难做到每天开开心心，笑对一切。这就从反面证实拥有自信和快乐性格是远离抑郁的良药。对一个智力或能力都有限且充满自卑的孩子来说，父母的开导显得至关重要，家长应该多发现孩子的长处，同时审时度势地对孩子进行表扬和鼓励，来自父母和亲友的肯定对孩子将来克服自卑、树立自信大有帮助。

（6）创造温馨的家庭环境

家庭的气氛、家庭成员之间的关系也能在很大程度上影响孩子性格的形成。案例中陶静原本也是个快乐的孩子，可是自从父母离婚后，便逐渐变得抑郁。要知道，一个充满了敌意甚至暴力的家庭是很难培养出快乐的孩子的，他们没有安全感，而且会由于父母的失败婚姻而感觉到亲情缺失。温馨的家庭环境可以让孩子变得活泼、开朗、远离抑郁。

（7）症状明显的孩子，应在心理医生的专业指导下，服用抗抑郁药物。目前国外已研制出许多高效、副作用小的新型抗抑郁药，如左

洛复、喜普妙、来士普等。

尤其需要强调的是，孩子的抑郁症有时伴有危及生命的消极言行，尤其是对于已有自杀倾向的儿童，家长必须高度警惕，严密监护，以防止意外的发生。

寻找孤独内因，引导孩子融入人群

关心和被关心是人类的基本需要。在人生的每一个阶段，我们随时需要被理解，被接受，被认同，但是现在的孩子们，缺乏兄弟姐妹在一起玩乐的友爱，所以大都养成了很"独"的性格。这样的孩子，在青春期如果依然独来独往，没有可以在一起分享快乐、分担烦恼的同学和伙伴，成年后，他的心理就有可能出现问题。

儿童心理学家详细分析了不同类型的孩子有孤独倾向的原因，当我们面临类似的情况时，就可以用不同的方法来给予孩子恰到好处的帮助。

不合群的原因之一：常受到指责和呵斥

这类孩子通常有过说错话或做错事而受到指责和呵斥的经历，他在一次又一次被否定之后，会不知所措，认为自己不如别的小朋友聪明，与其说错话，还不如沉默。

这样的孩子，家长对他应多加鼓励，尤其对于他的优点、正确的行为要时不时地给予夸奖。即使他做错事或说错话时，也应委婉地告诉他错在哪里，应该怎么做。同时，可以先帮助他邀请一些小朋友来家里玩，渐渐地，让小朋友也能接受他进入他们的集体，从而让孩子能树立足够的信心建立自己的人际关系。

不合群的原因之二：过多地得到父母的保护

如果孩子在父母面前活蹦乱跳，而对外人却沉默寡言，那么多半父母是他生活中的代言人。没有父母，孩子就好像和世界失去了联系，父母的行为在无意中纵容了孩子的孤僻心理，挫败了他独自面对世界的能力。

面对这样的问题，家长要注意调整与孩子的关系。鼓励孩子和周围的叔叔阿姨们打招呼，讲礼貌，而且在听大人们讨论事情时，也可以大胆地表达自己的意见。同时要给孩子创造一些条件，譬如他想吃巧克力，父母可以给他钱让他自己去买，如果他不想去，就吃不到。直到他愿意去做，并且从中发现这是很容易做到的。

不合群的原因之三：固执和倔强的性格

有的不愿意交际的孩子很有性格，他们拥有的意志和小动物一样顽固。在成人面前，他们不愿意开口，但是他们能认真地听并理解大人说的话，比其他孩子更能准确地判断所发生的事。这样的孩子更希望和他在一起的小朋友对自己言听计从，能呼来唤去。而他们有时不愿意开口，多半是骄傲的个性使然。

这样的孩子，家长要让孩子掌握足够多的交际技巧。一方面，要鼓励孩子和大家友善交往；另一方面，在孩子出现矛盾时要及时化解。要告诉孩子多看到小朋友的优点，对小朋友有意见时应尽量悄悄地和他们说，并且态度要温和，还要说出理由，这些适用于成人世界的交往规则，孩子同样应该了解。

家长，你是否是孩子懦弱的帮凶

每个人的胆量都是不一样的，有的胆大，有的胆小。导致这两种截然不同的性格的主要原因就是儿时的教育方法。孩子一出生，还分辨不出什么是勇敢、什么是软弱，也分不清什么是陌生、什么是熟悉。但是随着逐渐长大，孩子对世界的认知、某种性格在各种因素的影响之下开始凸显。对于家长来说，自己的孩子非常软弱会让他们觉得心痛，难以接受，岂不知，这种性格正是他们为孩子营造的氛围或对孩子的教育方式所致。

陈翀以前非常顽皮，整天在外面和小朋友玩耍，不到吃饭的时间不回家。爷爷奶奶年纪大了，爸爸妈妈工作又很忙，没有足够的精力照看他。这种情况下，陈　妈妈想了个办法，每次孩子想出去淘气时，妈妈就会对他说："楼底下有推小车的人，专门拐卖小孩，你要是再出去人家把你偷走了，你可就再也看不到爸爸妈妈了。"在妈妈的恐吓下，陈　再也不敢出去淘气了。

妈妈见这个方法好，便经常在孩子不听话的时候用各种谎言吓唬儿子。时间久了，陈翀竟然像个小姑娘一样，每天只知道闷在家里看电视，哪也不敢去。这回，爸爸妈妈让他出去玩他都不去了。

一次，学校举行运动会。在跳高比赛中，陈翀不小心摔在了地上，哇哇大哭起来。全班同学都嘲笑他，还给他取了"娘娘腔"的外号。陈　　在妈妈的吓唬声和同学们的嘲笑声中成长，变得越来越懦弱，就连有人欺负他，他都不敢反击。

每个家长都希望自己的孩子听话、懂事，可是过于听话其实就是懦弱。如果把孩子管教得面对任何事情都无力反抗，那么哪怕他在学校受到了不公平待遇也是不敢反击的，因为他已经不知道该如何维护自己的权利和尊严了。

培养孩子的勇气必须从家庭教育开始。案例中陈　　的妈妈经常吓唬孩子，导致孩子懦弱性格的形成，可见家庭影响有多恐怖。那么作为父母，该如何帮助孩子克服懦弱，让他勇敢地面对生活中的种种问题呢？

（1）不要辱骂孩子

有的家长看到孩子懦弱就不由地辱骂孩子，岂不知这样只会让孩子变得更加胆小。家长应不失时机地和孩子沟通，并鼓励、表扬孩子，引导孩子克服自身的弱点，尽量避免孩子由于胆怯造成的心理紧张，进而缓解孩子的胆怯，促进孩子健康成长。

（2）帮助孩子树立自信心

父母要让孩子明白，树立自信心是战胜胆怯的重要法宝，懦弱的人大都缺乏自信，对自己是否有能力完成某件事表示怀疑，结果就会由于紧张和拘谨导致原本可以做好的事情被搞砸。所以，父母要教导孩子，做事之前先为自己打气，告诉自己"我能行"，之后按照自己的想法去努力就可以了。

（3）扩大孩子的交际面和接触面

通常来说，懦弱的孩子常常充满了不安，家长应该有意识地扩大

孩子的接触面，让孩子经常面对陌生的人和环境，逐渐安抚孩子那颗不安的心。没事可以带着孩子出门，比如带着孩子去拜访自己的朋友；购物的时候可以让孩子帮自己结账；带孩子去异地旅游；等。等到孩子的见识增长之后，再面对别人的目光就会多上几分坦然。

（4）培养孩子独立、坚强的品质

父母应当培养孩子独立、坚强的品质，鼓励孩子去做力所能及的事情，让孩子学会自己照顾自己。等到孩子遇到困难的时候，父母不能一味地包办，而是要让孩子独自去想办法解决问题。开始时父母可以指导孩子去怎么做，之后让孩子逐渐适应独自处理事务。不要一下子就把孩子放到一个陌生的环境接触陌生的事，否则孩子会觉得不安，变得更懦弱。

适当引渡，以免孩子自恋过度

一般来说，孩子在童年前期需要一定的自恋，别人的认同和赞许。这是对孩子自信心的一种培养。但若父母一成不变地认为自己的孩子永远正确，或毫无选择地竭力满足孩子的所有任性的要求的话，那他们就是在制造一个自恋者。

"走开！我根本不需要你的帮助，这样的化学题是难不倒我的！"小松对表示愿意帮助他讲解难题的同桌大声嚷道。

"活该！你妈下岗了，你再也神气不起来了！"明明对着同学小齐的背影，冷冷地说。

"我的古筝已过6级了，这次晚会理所当然地是由我先上台演奏。为什么让华斌上？他学古筝才几天呀！"高二（一）班教室里，传来了李威歇斯底里的喊叫。

"哼，黄老师每次上课都点我的名回答问题，每次都表扬我，为什么今天没有呢？是不是小宇去打过我的小报告？"

"哈哈……张老师今天当着全班同学的面儿说我的作文写得特棒！哼，看以后谁还敢小看我！"

"凭什么批评我？不就是一次作业没交吗？"童洲边愤愤不平地想，边用笔在纸上画语文老师的肖像，画好后撕掉，撕掉后再接着画。

"和马刚交朋友？不，他根本不够资格！"王庆对李强说。

若孩子非常自恋，那他们就不会有开阔的心胸，不仅看不起别人，而且会迷失自己。要让孩子远离自恋，不让他们迷失自己。

据心理学家研究，孩子的自恋倾向，大多与家庭环境等有关。孩子在幼儿时期，父母若对孩子过分宠溺，很容易导致孩子出现自恋倾向。孩子进入童年时，缺乏与外界同龄人的接触，某些父母阻止孩子去结交同龄朋友，让孩子孤独地度过童年，这样也有可能使他产生自恋的倾向。

为了不让孩子有过度自恋的倾向，家长要注意以下几点：

(1) 给孩子提供一个健康的成长环境

父母要多关爱孩子，不要让孩子有孤独感、失望感，也不要溺爱孩子。在对待孩子的态度上，父母要把握好尺度。另外，父母在家时，有了矛盾也尽可能不要争吵，至少不要当着孩子的面儿争吵，否则会

使孩子变得冷漠，从而不愿接近别人、相信别人，因此产生自闭或自恋心理。

（2）父母要讲究正确的教育方式

发现孩子有自恋倾向后，父母要先反省一下自己的教育方式，并改进自己的教育方式，鼓励孩子多结交朋友，从一点一滴的小事中去发现别人身上的美与善良，发现别人的优点与特长。这样，孩子在开阔了眼界的同时，也开阔了心胸。当孩子敞开心怀去接纳别人时，就不会再自恋，不会再对别人产生厌恶感了。

孩子需要表扬，但是表扬要适度，要有节制。如父母经常有意识或无意识地当着孩子或他人的面儿称赞、宠爱自己的孩子，就有可能使孩子从小就自视甚高，这常成为孩子自恋产生的基础。所以，父母在表扬孩子时要有分寸，不能够夸大，更不能因为孩子有一次不错的表现，就每天都表扬。

（3）鼓励孩子多结交同龄的朋友

现在的孩子多是独生子女，如果家长不但不为孩子结交朋友提供条件，甚至还加以阻碍，就会促使孩子自恋心理的产生。相反，让孩子多结交朋友，让孩子看到每个人都有自己的优点，都有超过自己的地方，这样孩子的自恋心理就会减弱。

自恋的孩子容易迷失自己，他们没有宽阔的心胸，只有冷漠的眼神；他们没有赏识别人的意识，只有自我陶醉的梦幻。培养孩子，千万不要让他自恋。

激励式沟通：
点亮孩子的心理烛光，让孩子的热情燃烧起来

    一次次激励，如同在孩子成长道路上的一个个加油站，会让孩子主动进步。父母一句句温暖的激励，会使孩子努力去征服一座座高山。

孩子厌恶说教，更接受鼓励

当孩子在成长过程中出现不良问题时，家长们往往非常迷惑："这孩子究竟怎么了？为什么我越是教育他，他却越倒退，而且还对我有很多意见呢？"家长不明白，其实孩子需要的不是千篇一律的说教，而是一句温暖人心的鼓励，一种爸爸妈妈站在自己身后所给予的强大安全感。

郭静今年4岁了，是幼儿园中班的班长。不过，虽然她在学校里很快乐，却非常不喜欢爸爸，因为就算她取得了好成绩，爸爸也不会表扬她。爸爸总说："还行吧，爸爸像你这么大的时候，比你更厉害！"

久而久之，郭静取得了好成绩，也不会再跟爸爸说了。她还不知道，这个世界上有个词叫"负罪感"，不过，这种心态已经牢牢在她的身上扎了根。她对妈妈说："我不喜欢爸爸！他好像是我的仇人，我做什么他都不满意！"

妈妈对爸爸说了这件事。爸爸很愕然："怎么会变成这样？我那么说，是为了让她做得更好，绝不是为了打击她！要知道，咱们只有这一个女儿，我非常爱她！"

郭静嘟着嘴说："爸爸不爱我！爸爸不爱我！"

妈妈看着这对父女，也是哭笑不得。她对爸爸说："这件事的确是你不对。这么小的孩子，还是应该以鼓励为主，别给她那么多压力！"

郭静与爸爸之间的矛盾，就在于爸爸不懂得孩子的心理，总拿过高的要求来对待一个还在幼年的孩子。也许青少年通过父母的"反话"，会激起一种要强心，产生一定要让父母看到自己的能力的决心；但是对于小孩子来说，他们根本没有这么成熟的辨别能力，以为父母总是打击自己。久而久之，他会对自己失去信心，更对父母的说教感到反感。

然而，孩子最强大、最有力的大后方还是父母，父母的鼓励，是培养孩子的自信心养成的必要步骤。所以，爸爸妈妈应当以正确的方式来与孩子交流。

(1) 鼓励孩子，让他别被困难打垮

孩子毕竟是孩子，他们总会有解决不了的难题。例如幼儿园教授的算术，这对于三四岁孩子就像一座高山。了解到这一点，家长就不要打击孩子，千万别说"我知道你算不出来，你什么时候算出来过"。爸爸妈妈应该抚摸着孩子的头，对他说："有些困难吗？别怕，爸爸（妈妈）会教你的。你可以掰掰指头，那么一定会找出答案！"这样，孩子在你的强力支持和鼓励下，就会燃起攻克难关的信心。

(2) 以鼓励的方式消除孩子的孤独感

有的孩子在年幼时，会表现出一定的孤独感，他们不愿与其他小朋友玩，不愿意参加集体活动。然而在他们的心里，却又对这些充满向往，不过是被紧张与不安挡住了路。对于这样的孩子，家长万万不可训斥，否则会加深他们的心理压力。爸爸妈妈可以多鼓励孩子，如果他对画画有兴趣，那么可以鼓励他，邀请好朋友来家里玩，在家里或小区的草地上画画。刚开始，爸爸可以先鼓励孩子只邀请一个朋友，而当他走出这一步时，就不会总是感到紧张，心态逐渐放开，与人交往的愿望逐渐加强起来，孤独感彻底消除。一旦有了父母这个大后方的支持，孩子的许多类似孤独、胆小的小毛病都能很快的改掉。

你说孩子是什么，他就给你长成什么样

中国的父母相信对孩子一定要严管，因此当孩子在学习或生活方面做得不尽如人意时，他们就会抱怨，就会责骂孩子。然而这样做究竟有何益处呢？孩子会说：反正我就是没出息了，怎么做也没有用。因而自暴自弃，一蹶不振。这样的结果一定不会是父母们希望看到的。

有这样一对父母，他们都是受过良好教育的人，他们的孩子非常聪明可爱，可就是有点贪玩不爱学习，于是这对父母就每天训斥孩子"没有用处，简直是个废物"！弄得孩子信心大失。有一次，这个孩子考了一个不错的分数，他兴高采烈地把试卷拿回家去，结果爸爸说："这真是你自己做的吗？"妈妈斜着眼看他："不但学习不好，小小年纪还开始说谎了！"结果孩子垂头丧气地走了，从此以后果然没有再考过好的分数。那对父母就像是得胜的预言家，对着孩子唠叨着："早就说过你不行吧！看你那点出息！"

这是一对多么可悲的父母。心理学家的研究表明：这类父母之所以认为自己的孩子"不是那块料"，实际上是自己没有识才的眼光与水平。自卑的父母都望子成才，由于不懂，甚至不相信自己能育子成才，因此就用"不是那块料"的恶棒，把自己与子女都毁掉了。要知道，即使是荆山之玉，也需要识别、雕琢，否则也不会成材的。

当你在责骂孩子时，你就是在向他不断施加心理暗示：你不行的，你不会成功的。试想一下，幼小的心灵怎能抵得过这样的"咒语"，在这样的情况下，孩子不变成庸才才怪。相反，如果你能常常热情地鼓励孩子，孩子就会下意识地按照父母的评价调整自己的行为，直到达到父母的期望为止。

这里有一个关于著名成功学家拿破仑·希尔的故事。希尔小时候曾被认定为是一个坏孩子。玻璃碎了，母牛走失了，树被莫名其妙地砍倒了，每个人都认定是他干的，甚至连父亲和哥哥都认为他是个无可救药的坏孩子。人们都认为母亲死了，没有人管教是拿破仑·希尔变坏的主要原因。既然大家都这么认为，他也就无所谓了，于是变得更加肆无忌惮。

有一天，父亲说给他们找了一个新妈妈，大家都在猜测新妈妈会是什么样的。而希尔却打定主意，根本不把新妈妈放在眼里。陌生的女人终于走进家门，她走到每个房间，愉快地向每个人打招呼。当走到希尔面前时，希尔像枪杆一样站得笔直，双手交叉在胸前，冷漠地瞪着她，一丝欢迎的意思也没有。

"这就是拿破仑，"父亲介绍说，"全家最坏的孩子"。

令希尔永生难忘的是继母当时所说的话。她亲热地把手放在希尔肩上，看着他，眼里闪烁着光芒。"最坏的孩子？"她说，"一点也不，他是全家最聪明的孩子，我们要把他的本性诱导出来"。从此以后，拿破仑正如他的继母所说的那样，成了全家最聪明的孩子。

继母造就了拿破仑·希尔，因为她相信他是个好孩子。

强者来自父母的不断赞美，做父母的应该勇于承认差异，并鼓励孩子逐步缩小差异，不要一味抱怨这不好那不行，把本来活泼可爱的

孩子变成没有理想、没有志气、庸庸碌碌过一生的人。

（1）用赏识的眼光观察孩子

在日常生活中，务必注意孩子的行为举止、好恶，在他与别人玩耍、交谈、阅读时观察他，你就会发现你的孩子虽不爱弹琴却喜欢绘画，虽没耐心却有创意，虽不善言辞却很热心，总有他优秀的一面，记下孩子的性格倾向，从而引导孩子向好的一面发展。

当父母用赏识的眼光来看待自己的孩子时，会发现他们魅力四射。

（2）创造机会鼓励孩子

赏识不是停留在口头上的赞美，而是一种行动，父母应多给孩子创造发挥他们才智的机会。比如家里人过生日时，鼓励孩子们表演节目；每周一个晚上轮流朗诵短文并发表心得；每月办一次派对，邀请孩子的朋友参加，每人献出一个绝活……

此外，随时找机会让孩子帮忙，洗碗、拖地、收衣服……越做越有信心，孩子才不会退缩在自卑自闭的角落里。

（3）多给孩子一点时间

赏识就是一种宽容，既然给孩子机会，就需耐心等待孩子发挥潜力。有些父母嫌孩子做不好事，干脆自己来，孩子也乐得坐享其成，而让自己的"天资"睡着了。另一些父母，当孩子一时达不到自己的要求时，就一味地指责、批评，孩子的潜能就被压抑住了。

（4）不要吝惜你的赞美

当孩子取得一定的成绩时，给他赞美和鼓励的掌声，因为即使是个天才，也同样需要成功的体验来积累信心。

以父母之爱，激发孩子心中的爱

每个做父母的对孩子都很有爱心。父母都记得孩子的生日是哪一天，但至少有一半的孩子不知道父母的生日是哪一天。父母都十分重视给孩子过生日，但又有几个孩子重视父母的生日呢？

现在的孩子很多不知道孝敬父母，但父母却对孩子十分上心。父母对孩子倾注了满腔的热情，而孩子对父母的爱却仿佛被水稀释过一样。

实际上，父母都很希望自己的孩子懂得爱，发现爱，做一个好孩子。那么，如何才能发现呢？其实，爱在于点点滴滴，爱在日常生活当中，爱就在我们的周围，关键看我们能不能发现。父母要培养孩子一双能够发现爱的眼睛，用一颗真心来感受生活。这时就需要父母的点拨，让孩子意识到家长行动中蕴藏的爱意，让他去体谅大人为什么这样做，让他懂得爱、珍惜爱、学会爱。一个有爱心的孩子，才能成长为一个真正的人。

曾有一篇文章讲述的是一个数学老师在上课时，天突然下起了雨。下过雨之后，老师发现一位奶奶拿着伞在门口等着，原来奶奶是来给孩子送伞的。老师一下子就动了感情，一下雨，会有多少爱心在体现啊！越来越多的爷爷、奶奶、爸爸、妈妈来送伞，孩子拿着五颜六色

的伞，一个个兴高采烈。

这时，数学老师布置了一篇作文题目叫《雨天的收获》。孩子们起初感觉很奇怪，不知道怎样下笔。老师就引导他们说："下雨天会给人们增添许多的麻烦，增添很多担心，但是下雨一下子让人的亲情洋溢，使人们互相关心。"同学们在老师的引导下，突然感觉到生活是这么美好，原来这么多的爱就在身边。

这一天放学时，同学们都有了自己的伞，有一个小女孩拿了把大点的伞坐在那里不动，老师说："你为什么不走啊？"小女孩说："老师你没有伞，我和你打一把伞走。"老师感动了，觉得这个孩子真是很细心，不但想到了自己，还想到了别人。

其实，文章中讲述的是一件很小的事，但说明的却是一个很感人的道理：孩子们是在爱中成长，在被爱中学会爱的。其实，这样的小事在我们的生活中有许多，这是说也说不完的。

孩子的心灵是最纯净的，他们能从点点滴滴的生活小事中感受到父母的爱心，从而渐渐唤醒内心关爱父母的意识。

如何培养孩子心中有爱呢？

（1）不要让孩子自私。孩子自私，会感觉他吃好东西、拥有好东西是理所当然的，假如孩子习惯了接受，只知道索取，就很难在今后的生活中考虑他人的感受。一个不懂得关爱他人、关爱父母的孩子将来很难成为一个有爱心的人。

（2）不要"有求必应"，更不要"无求先应"。对孩子提出的需求，父母应先思考一下是否合理，假如不合理，则坚决否定，并且要告诉孩子为什么不合理。父母不要预先向孩子承诺太多，一手包办孩子的成长，面面俱到，不要总想着孩子没有这个、没有那个。假如父母总是包办代替，时间长了，孩子会觉得一切东西都来得太容易了，也不懂得珍惜。

（3）父母要为孩子做出榜样。假如家中有老人，有好吃的先给老人吃，逢年过节给老人送礼物；假如老人离得较远，经常给老人打个电话。要让孩子看到父母不仅对自己有爱，对长辈也有爱。

自卑的孩子，需要更多关注和肯定

有些孩子走路总是低着头，不敢与人主动打招呼；不敢当众发言，怕引起别人的注意，而且也不敢正视别人，说话轻声细语，整天愁眉苦脸，父母因此忧虑不已：孩子这么自卑，以后怎么跟人打交道啊！

其实，这些孩子也讨厌自己畏畏缩缩的样子，在内心深处，他们甚至比普通孩子更加渴望得到父母和老师的表扬和关注。因此，如果家长能够给予孩子更多的肯定和关注，让孩子喜欢自己，那么孩子自然而然就会大变样。

有一个孩子，从小就特别害羞，爸爸还曾取笑他："我的这个儿子简直比女孩还要害羞！"孩子渐渐长大了，他的害羞的情绪好像更强烈了，看到陌生人不敢说话，路上遇见老师同学都要躲着走，爸爸很生气，骂儿子没出息："连和人打招呼都不敢，以后能有什么用啊！"爸爸失望地说。孩子在日记中写道："现实中，我是一个没用的孩子，害

羞、内向、胆怯，什么也不行！可是我多么渴望自己能像同学们那样啊！神采飞扬地演讲，大声地说笑，在运动会上拼搏，在同学的加油声中奔跑……我真讨厌现在的自己！"

教育学家告诉我们，孩子的自卑心理是可以调整的，自卑的孩子需要鼓励、需要肯定。如果父母、老师能够多给这些孩子一些关注，让他们悦纳自己，不再厌恶自己，那么这些孩子就会变得更快乐、更自信！

那么，家长们应该怎么做呢？

（1）给孩子更多的关注

自卑的孩子其实渴望别人的关怀和关注，特别是老师和家长的关注。所以，我们应适时地满足孩子的心理需求。

峰峰长相不出众，胆小畏缩，上课很少回答问题，喜欢一个人在教室里发呆。在一次手工课上，老师让大家做纸飞机，峰峰一点也不会，老师过去教他，可他还是不会。全班小朋友一起喊："老师！让峰峰上台去做。"老师原本怕伤了他的自尊心，正打算制止他们，却见峰峰显示出从没有过的开心，老师顿然明白，峰峰的自卑也许正是因为从来没有像今天这样备受关注。

这个故事很值得深思，家长们应该从中得到领悟，多给孩子一些关注，他会逐渐懂得肯定自己的价值。

（2）多给自卑的孩子一点表扬

对自卑的孩子，家长要适当降低对他的要求，不要太过苛求孩子。对他们正在做的好事或平时的点滴进步，都应及时予以表扬或肯定。

媛媛是个自卑的孩子，一次，媛媛在画纸上画了一个会飞的小人，一起玩的小朋友看了哈哈大笑，都说媛媛笨！媛媛低着头，脸红红的。

这时爸爸拿起媛媛的画，脸上露出满意的表情说："媛媛的想象力真丰富，她是画了一个外国的小朋友，飞来我们这个城市玩的，爸爸猜对了吗，媛媛？"媛媛深深地点了点头。小伙伴们走了以后，媛媛跑到爸爸面前说："爸爸，谢谢你！"听到媛媛的这句话，爸爸很高兴，因为孩子的肯定是最珍贵的。当然，需要强调的是，你应该让孩子觉得：你对他的表扬完全是诚恳的，而不是应付的、客套的，这样孩子才会真正相信自己是值得别人喜爱的。

（3）多帮孩子肯定自己

自卑的孩子，心中的自我肯定往往也是脆弱的，因此极需要得到父母经常不断地引导。强化孩子自我肯定的方法很多，比如：可以让孩子为自己记一本进步手册，并告诉孩子，所谓"进步"，并不一定非得是了不起的成就，任何小小的进步，以及为这种进步所做出的任何小小努力，都有资格记载入册；家长也可为孩子准备一些小小的奖品，如钢笔、玩具、CD等，每当孩子做出了一件令他自己感到自豪的事或一点成绩，你就以奖品鼓励他；你还可以教孩子不断地对自己做正面的暗示，比如，当孩子遇到困难踌躇畏缩时，你不妨让孩子自己鼓励自己："这没什么了不起的，你一定能行的！"

记住，家长的肯定就是医治孩子自卑心理的灵丹妙药，这种肯定会使他们对自己有个全新的认识，并慢慢地找到信心。

让孩子相信，他是最棒的

父母对孩子的影响力是无与伦比的，如果父母告诉孩子"你是最棒的"！那么孩子就一定会相信自己能做得更好，随之变得更加自信、自强。因此即便你的孩子不那么优秀，作为家长，你不妨也给孩子一个善意的谎言，把你的孩子变成天才，让他们在各方面都取得异乎寻常的进步。

一位年轻的爸爸第一次参加家长会，他满怀期待，老师会怎样评价自己的孩子呢？轮到他时，幼儿园的老师说："你的儿子可能有多动症，在板凳上连三分钟都坐不住，你最好带他去医院看一看。"

回家的路上，儿子高兴地问爸爸老师都说了些什么，爸爸的心里很复杂，因为全班 28 个小朋友，唯有他的儿子表现最差，唯有对他的儿子，老师的评价不那么好。然而，他还是告诉儿子："老师表扬你了，说宝宝原来在板凳上坐不了一分钟，现在能坐三分钟。其他家长都非常羡慕爸爸，因为全班只有宝宝进步了。"

那天晚上，孩子破天荒吃了两碗米饭，并且没让爸爸妈妈喂。

转眼儿子上小学了。家长会上，老师说："这次数学考试，全班 43 名同学，你儿子排第 41 名，而且他的反应奇慢，我们怀疑他智力上有些障碍，您最好能带他去医院查一查。"

激励式沟通：点亮孩子的心理烛光，让孩子的热情燃烧起来

回去的路上，他坐在街心的长椅上闷闷地抽着烟。然而，当他回到家里，却对坐在桌前的儿子说："老师对你充满信心。他说了，你并不是个笨孩子，只是有点马虎，要是能细心些，会超过你的同桌，这次你的同桌排在第23名。"

说这话时，他发现儿子黯淡的眼神一下子充满了光，沮丧的脸也一下子舒展开来。他甚至发现，儿子好像长大了许多。第二天上学，也没让爸爸妈妈叫他起床。

孩子上了初中，初三时，他又去参加儿子的家长会。他坐在儿子的座位上，等着老师点儿子的名字，因为每次家长会，儿子的名字在差生的行列中总是被点到。然而，这次却出乎他的意料——直到结束，他都没有听到。他有些不习惯，临别时特意去问老师，老师告诉他："按你儿子现在的成绩，考重点高中有点危险。"

他怀着惊喜的心情走出校门，此时他发现儿子在等他。路上他扶着儿子的肩膀，心里有一种说不出骄傲，他告诉儿子："老师对你非常满意，他说了，只要你努力，就一定能考上重点高中。"

后来，儿子从重点高中毕业了。第一批大学录取通知书下达时，学校打电话让他儿子到学校去一趟。他有一种预感——儿子被北京大学录取了，因为在报考时，他对儿子说过，他相信他能考上这所大学。

儿子从学校回来，把一封印有北京大学招生办公室的特快专递交到他的手里，突然转身跑到自己的房间里大哭起来，边哭边说："爸爸，我知道我不是个聪明的孩子，可是，这个世界上只有你能欣赏我……"

这时，他悲喜交加，再也按捺不住十几年来凝聚在心中的泪水，任它落在手中的信封上……

没有一个孩子会在批评贬低声中健康成长。这位伟大的父亲一直在"骗"自己的孩子，然而他善意的谎言却给他的孩子带来了信心和勇气，年幼的孩子相信了爸爸的话，爸爸一直都在用语言、用行动暗示他："你是最棒的孩子！"

其实每一个孩子都可能成为天才。但一个孩子到底能不能成为天才，取决于家长能不能像对待天才一样爱他、欣赏他、教育他，能不能给他一个天才的感觉。比如说破世界纪录的运动员们，在开始比赛前，几乎都有一种预感，觉得自己的状态很好，能出好成绩，而且现场的热烈气氛对他们的情绪高涨也起了很重要的作用。通过这些激励和心理暗示，运动员的自信心得到增强，最大限度地发挥了自己的潜能。这种精神对物质的鼓励作用，是决定一个人成就大小的重要因素之一。对于父母来说，鼓励孩子并且为孩子未来的发展前景考虑，为他们提供最适当的教育方式，这才是教育的最佳体现。

教育家赞科夫说："漂亮的孩子人人喜爱，爱难看的孩子才是真正的爱。"同样，赏识和喜爱优秀的孩子是每位家长都能轻而易举做到的，但是，我们目前所谓的好孩子毕竟只有很少一部分，更多的孩子则属于"普通孩子"甚至"顽劣的孩子"，对于那些没有达到父母预期的"坏孩子""拖延的孩子"，关爱才是真正的雪中送炭，他们更需要格外精心的关爱和呵护。对这样的孩子，家长必须更多地激励，让他们相信，自己确实是最出色的孩子。而一些教育学家也通过实验证明了，对于任何一个孩子，只要他所崇拜的人给他热情的肯定，就能得到希望的效果。也就是说，孩子的成长方向在很大程度上来自父母的期望，你期望孩子成为什么样的人，他就可能成为什么样的人。因此，在孩子表现得不那么尽如人意时，家长们就可以利用心理暗示鼓励孩子，用善意的谎言把孩子的心理调整到一个最活跃的状态，使孩子真的如自己期望的那样达到一个个目标。

你给孩子多少勇气，他就有多勇敢

我们都希望自己的孩子具备勇敢的品质，但有些孩子胆子却很小。比如有的孩子每当父母不在身边时就会感到害怕，有的孩子怕黑，有的孩子怕鬼怪，等等。这是培养孩子的教育过程出现了问题。主要表现在 3 个方面：

(1) 家长喜欢吓唬孩子

很多父母在孩子不听话或是哭闹时，就会采取恫吓的方式逼孩子乖乖听话。比如说："你要是再哭，我就把你送到山里喂狼！"以类似的话语恐吓孩子，导致孩子丧失了安全感，因而变得胆小怯懦。

(2) "圈养"导致孩子怕生

很多父母因为过分担心孩子，常将孩子"圈养"在家中，使得孩子的生活圈子非常狭小，甚至有可能十天八天见不到生人，这使得孩子容易一见生人就躲，旁人一抱便哭。到了幼儿园，碰上新环境、新老师，则更是胆小。

(3) 限制太多

父母限制孩子的活动自由，将外界一切事物塑造成洪水猛兽，这

在很大程度上伤害了孩子尝试的勇气。使孩子不敢从尝试与实践中获得知识，取得经验，这同时也造成了孩子的胆小怯懦。

因为胆小，孩子在公众场合不敢发言，在面对陌生人或在一个不熟悉的环境中时，他们往往会害羞，显得局促不安，不能与人坦率自然地交往；在学习和生活上，胆小的孩子总是缺乏主动性、勇气和信心，所以可能错过了原本属于自己的成功和机会。可以说，胆小是孩子成长、成功道路上的绊脚石。

为了避免以上问题的出现，父母应该注意自己的教养方式，在日常的小事中就注意培养孩子的勇敢精神。

有一次，欢欢着凉患了感冒，吃了一些药仍不见好转。妈妈只好带他到医院看病，医生建议要打针，否则高烧可能引起肺炎。可妈妈听到后有些担心，不自觉地皱起了眉头。

欢欢第一次听到"打针"这个词，然后看到妈妈神情紧张，又看到医生忙碌地摆弄针头和药品，就"哇"的一声哭起来。当医生把注射器扎下去时，欢欢哭得更厉害了，妈妈后来知道是自己紧张的神情影响了欢欢，她决定第二天采取另一种态度。

第二天，妈妈又带欢欢去医院打针。欢欢一看到昨天那个医生就立刻哭起来，这一次，妈妈平静地说："欢欢，打针没什么可怕的，你昨天不是刚打过吗？没什么啊。"

"可是，我怕疼……"

"疼有什么好怕的，妈妈小时候不知道打过多少次针呢，为了治病，这点疼算得了什么？我相信你是个勇敢的孩子。"

欢欢听到"勇敢"这个词，顿时忘了害怕，这一次，他不仅没有哭，还和医生聊起天。

由此可见，很多时候，锻炼孩子的勇气，往往是对父母勇气的考验。如果父母对困难或危险感到害怕，那么他们培养出来的孩子就不可能勇敢。每当孩子遇到棘手的事情或遇到困难时，父母应该给予鼓励，让孩子勇敢地去闯，那么孩子也是能闯过去的。

庞秀玉的 3 个孩子自从出生以来，由于家庭变故及经济条件的限制，从来没有进过公园。

前些天，庞秀玉带着 3 个孩子来到人民公园，3 个小家伙立刻撒开了欢儿，老大要坐"飞机"，老二要去草坪上捉蝴蝶，老三则非要开"坦克"。三个孩子朝着三个不同的方向使劲拽着妈妈的衣襟，一时间庞秀玉被搞得焦头烂额。

"谁大听谁的。"妈妈提高了嗓门，3 个孩子顿时安静了下来，广韵、广雅小姐妹还有些愤愤不平。因为身旁的大哥正朝她们俩做着"鬼脸"，嘟囔着"我大"。

站在"航天飞机"前，3 个孩子再也不想动了，大眼睛死死地盯着正在头顶上"飞翔"的"飞机"。但当给他们买好票，送他们上"飞机"时，广韵、广雅小姐妹却没有征兆地哭出声来，拽着妈妈死活不肯上"飞机"。

最终，还是大哥最为勇敢，咬牙跺脚地上了"飞机"，条件是必须由妈妈陪伴。5 分钟的飞行很快结束，走下"飞机"时，这个小家伙的额头已经沁满汗珠，手心也是冰凉冰凉的，可却依然保持着勇敢者的姿态。

后来，广韵、广雅小姐妹也在妈妈的一再鼓励下壮着胆子走上了"飞机"，很快，银铃般的笑声连成了串。

可见只有让孩子勇于尝试，孩子才能知道事情的本质；只有锻炼

孩子的勇气，才能让孩子变得勇敢。每一个孩子都是天才，重要的是大人们要去挖掘。培养孩子的勇气也是一样，只要家长肯给孩子鼓励，那么孩子是不难做到勇敢的。

自信过了就是自负，别把孩子夸上天

教育学家认为，一些孩子自负，是由于受到了过多、过高的表扬，这使他们只看到了自己的优点，却看不到自己的缺点，因此一些信奉赏识教育的家长要注意了，不要无限度地、片面地表扬孩子，偶尔也要给孩子降降温，太多的表扬会让孩子得意忘形的。

下面，我们来看一看德国教育家卡尔·威特的教子方法：

一天，卡尔·威特带着他的儿子到一个朋友家参加聚会，而此时，他的儿子已经因为他的超常智力被广为传诵。一位擅长数学的客人抱着怀疑的态度想考考小威特。卡尔·威特答应了，但他要求那位客人不管小威特答得怎样，都不可以过分地表扬自己的儿子。因为老威特认为，自己的儿子受到的赞赏已经太多了，他很担心过分的赞扬会滋长孩子骄傲的情绪。

自以为聪明这位客人一连给小威特出了3道数学题，但小威特的聪明越来越使他感到惊异。

每一道题小威特都能用两种以上不同的方法去完成。此时，客人已不由自主地开始赞扬小威特了，老威特赶紧转移话题，这时客人才想起了两人的约定。

但客人出的题越来越难，并最终到达他也难以驾驭的程度，但小威特仍能答出正确答案。客人非常兴奋，又拿出更难的题来"难为"小威特："你再考虑考虑这道题，这道题是一位著名数学家考虑了3天才好不容易做出来。我不敢保证你能做出来。"

那道题是一个农夫想把一块地分给3个儿子，分法是要把它分成3等份，而且每个部分要与整块地形相似，这确实是一道很难的题。

向小威特说完题目后，客人就拉着老威特走到走廊里，安慰他说："别担心，你儿子再聪明，那道题也很难做出来，我是为了让你儿子知道世界上还有这样难的题才给他出的。"

可是，没过半小时，就听小威特喊道："做出来了。"

"不可能。"客人说着就走了过去。

但事实不得不让客人赞不绝口地说："真是天才，那么你已胜过大数学家了！"老威特连忙接过话说："您过奖了，由于这半年儿子在学校里听数学课，所以对数学很有心得。"

客人这才领会到老威特的意图，点着头说："是的，是的。"

不要认为卡尔·威特对孩子太严苛，事实上他是非常赞同赏识教育的。只不过他认为，表扬不可过多过高，不能让孩子情绪过热，过多的赞美会让孩子产生错觉，认为自己比任何人都要出色，将来他们就会无法经受挫折和批评。

卡尔·威特给父母们的忠告是：我们不能让孩子在受责备的环境中成长，但是也不能让他们整天泡在赞美里。卡尔·威特是这样说的，也是这样做的，即使小威特学得非常好，他也只是说到"做得不错"

的程度，从不表扬过头。只有当小威特取得特别大的成就时，父亲才抱着亲吻他，但这是不常有的。因此，在小威特心目中，父亲的亲吻对他来说是非常可贵的赞扬。通过这种不同程度的表达方式，威特让小威特深深懂得获得赞扬的不易，也因此更加努力学习，而不是沉浸在赞赏声中得意忘形。

还记得《伤仲永》吗？据专家们研究发现，不是经过早期教育而是靠天赋产生的神童，往往容易夭折。一些潜质很好的孩子之所以没能如愿地成为人才，正是源于孩子的骄傲自满、狂妄自大。世上再没有比骄傲自大更可怕的了，骄傲自大会毁掉天才。

我们可以看看卡尔·威特写给儿子的一段话：

知识能博得人们的赞赏，善行能得到上帝的赞誉。世上学问浅薄的人很多，由于他们自己做不到，所以一见到有知识的人就格外赞赏。然而人们的赞赏是反复无常的，既容易得到也容易失去；而上帝的赞赏是积累了善行才得到的，来之不易，因而是永恒的。所以不要把人们的赞扬放在心上。喜欢听人表扬的人必然得忍受别人的中伤。被人中伤而悲观的人固然愚蠢，但稍受表扬就忘乎所以的人更加愚蠢。

除此之外，他还不厌其烦地告诫自己的儿子：一个人无论怎样聪明，怎样通晓事理，都不应该骄傲自负，因为他所拥有的知识与奥秘无穷的大自然相比，只不过是九牛一毛，沧海一粟。

威特就是用这种手段来教育儿子防止他骄傲自满的，尽管这样做要花很大的功夫，但他最终还是获得了圆满的结果。

卡尔·威特做得最好的，也正是现实中一些爸爸做得最差的一点，这些爸爸总认为自己的孩子是最聪明的，尤其是知道了赏识教育的重要性后，更是无限度地赞美孩子，比如："孩子，你真是太聪明了！""孩子，你的作文写得真棒！比你爸爸现在写得还要好！"，对孩子滥加表扬。然而当赞美之词成为极为常见的日常用语时，赞美的意义也会随之逊色。过滥的赞美如同甜得过分的糖果，吃多了，就会让孩子生腻。

所以奉劝家长们，对于孩子的赞美一定要就事论事，在赞美优点的同时也要适当泼点冷水——提醒孩子改正缺点，这样做一方面可以促进孩子进步，另一方面又可以防止孩子变得自负。

以子为师，让孩子看到自己的价值

中国的父母总喜欢在孩子面前表现出全知全能的样子，生怕露出不懂的地方，让孩子看轻了自己。其实这样辛苦地维持自己的威严是没有意义的，如果你能放下"威仪"，主动向孩子请教一些事情，你们的关系将会更亲密。

晚饭后，布鲁斯一直在摆弄那个坏掉的音响，可弄了半天还是没有修好。这时布鲁斯13岁的大儿子汤姆从楼上吹着口哨跑了下来，看他的打扮似乎正准备出门去玩。"汤姆！"布鲁斯叫住了他，"过来帮我看看这个音响，再修不好就得换了！""爸爸，您是让我帮您修音响吗？可是我以为——真是太难以置信了！您从来都不会找我做这种事的。"然后在父亲略显尴尬的目光里，汤姆迅速脱下外套蹲下来和父亲

一起研究那个音响。"您看！这个导线接触的不太牢固，我猜毛病就出在这上面！"布鲁斯惊讶地看着自己的儿子，"你怎么会懂这么多呢？你知道，我一直把你当成小孩子！"汤姆愉快地笑了，"爸爸，我不是告诉过您，我参加了学校的电器小组吗？以后家里的电器坏了，需要帮忙时就请您说一声，我会非常愿意和您一起干活的！"从那以后，布鲁斯发现儿子变得懂事了很多，看到父母做家务事时，他会礼貌地问一声："需要我帮忙吗？"而且汤姆还买了一大堆物理方面的书籍，有空就坐在房间里研究，现在汤姆已经成了家里的"电器专家"，老师告诉布鲁斯说汤姆现在上课时变得"很认真"。

布鲁斯第一次向儿子汤姆请求帮助时，我们可以看到汤姆感到十分惊喜，他立刻放弃出去玩的念头，留在家里陪父亲修理东西。13岁的汤姆非常骄傲，父亲的求助让他看到了父亲对他的信任和依赖，这种感觉甚至成了他学习和进步的动力。所以为人父母的你何不放下架子，向孩子请教一些东西，你会发现不再需要唠叨、不再需要责骂，你的求助就使孩子变得更懂事、更乐于学习。

我们应该明白每个孩子都希望"做自己的主人"，他们都希望从自立与帮助他人中寻求到自我存在的价值。所以，父母不妨试着扮演一下弱者，给孩子责任心与能力以最好的鼓励与赞赏。

其实扮弱者并没有什么为难的，你可以不时地叫孩子教给你一些东西，比如：怎样收发邮件，如何解答这一谜语，也可以叫孩子帮助你做一些与研究有关而你又没有时间去做的工作。例如，叫孩子调查最完全、最可靠、最畅销的价值在2500元左右的冰箱，或者研究市场上最好的洗衣机，或找出一段为了达到市中心的某一地点而避免遇到修路或交通堵塞等现象的最佳线路，或叫孩子核对一些所调查的事实和资料再给你一个结论。孩子决不会认为这些工作枯燥无味，他们一定会满怀希望认真工作的，这不仅使孩子得到了一个锻炼的机会，也会使孩子因"爸爸（妈妈）需要我"而感到幸福。

另外，当孩子有自己特殊的兴趣和爱好时，可以让他告知你他所学到的、发现的东西。例如，如果你的孩子对天文学感兴趣，可以让他指出某一星座的位置；如果你的孩子喜欢研究汽车，当你们一起外出时，可以叫他告诉你某些车的名字。

寻求孩子的帮助，从小的方面看是与孩子交流的一种技巧，但从更高的层次看，却是教育观念的创新。许多家长会有这样的疑惑：一个小孩子有什么能力可帮助大人？历来都是大人帮助孩子，哪听说过孩子帮助过大人的？他们即使接受让孩子帮助自己，也不过认为是一种哄小孩的游戏而已。

实际上，这不仅不是一种游戏，而且还是创新教育的需要，也是家长自身的需要。我们所具有的价值观念、知识、行为方式及习惯有很大一部分已难以适应社会的发展，而我们的成见、生活经验以及越来越多的惰性常常阻碍我们看到这一变化。

我们已经进入了信息时代，我们的孩子比我们更快、更好地掌握了新媒体技术，如计算机网络等。在"明日青少年与媒介"巴黎国际论坛上，来自几十个国家的学者形成了一种共识：我们正在被青少年甩在后面，我们感到了挑战，我们对自己的无能和无知感到恐惧。甚至教授计算机的教师都感受到这一点，他们发现，许多学生在老师指导入门后，很快地就超过了老师，最后就变成了相互学习。在有计算机的家庭里，孩子常常成为父母的老师，因为除了他们，几乎没有人可以教父母如何应付不断涌来的知识、信息和技术的潮水。美国麻省

理工学院媒介实验室的研究人员为此提出"以孩子为师"，并倡议改变以往的教育观念。

其实，生活中很多父母也会发现，自己的孩子有很多让自己不得不佩服，不得不学习的地方。

许某是一家音像店的老板，最近他发现自己9岁的儿子球球常把自己看过的漫画书和CD盘带出去，许某问孩子把东西借给谁了，但儿子的回答却让他大吃一惊，"借？没有啊！我把漫画书打九折卖给同学了，CD嘛，和同学交换了。"许某简直不敢相信自己的耳朵，"那是爸爸买给你的书啊，你怎么能把书卖了呢？"儿子却满不在乎地回答："可是我已经看完了呀！放在那里没有用，还不如打九折卖掉，同学也高兴，我还可以存钱买新书。爸爸，你不是做生意的吗？怎么不理解我呢？"许某仔细想一想，忍不住笑了，孩子的办法多聪明啊！第二天，他在自己的音像店门前挂了个牌子"以旧换新，两张旧影碟，可换一张新影碟，同时本店从即日起出租影碟，欢迎光临！"结果店里的生意从此红火了很多，许某高兴，孩子更高兴，他郑重向许某许诺："我要好好学习，然后出国留学，以后要做个大商人，经营很大的一家公司。"

生活中有很多球球这样的孩子，他们不仅成绩优秀，而且还有与丰富生活相适应的多种能力，比如说，对足球、流行元素了如指掌，对家用电器样样精通，他们英文娴熟，当你被电器上的各种按键、电脑上的条条指令弄得眼花缭乱时，孩子却可以轻松应对这一切。因此以孩子为师并没有什么丢人的，这样反而可以增加父母与孩子交流的融洽性和趣味性，并促使孩子不断学习和进步。

以孩子为师会让孩子看到自己的价值所在，增强自信心和自尊心，但向孩子请教时一定要注意自己的态度，应该是平和虚心而不是盛气凌人。

你给的微笑，是对孩子最贴心的鼓励

一些家长在思维中认为：必须对孩子保持严肃。的确，严肃能够树立威严，但是，孩子却感受不到来自父母的关心和鼓励。所以，父母应在威严之余，多关心孩子，并用微笑来鼓励孩子。这样，即使一个小小的微笑，也能消除彼此间的争执、冲突、愤怒等不良的情绪。

这天中午，悠悠正在家里准备吃午饭。这时，奶奶端着一盘炒好的鸡蛋走了过来，把炒鸡蛋小心翼翼地放在了餐桌中央。接着，奶奶说道："小宝贝，开饭啦！"

听到奶奶的"引诱"，悠悠顿时感觉自己的口水都要掉下来了，因为她最喜欢吃炒鸡蛋！于是，她拿起筷子，用征求的眼光望着桌旁的妈妈。

看着孩子那种可爱的眼神，妈妈微笑着点了点头。于是，悠悠高兴地夹起一块鸡蛋，津津有味地吃了起来。一边吃，她还一边笑，甚至对妈妈做起了鬼脸，而妈妈自然也是笑容满面，温和地摸了摸她的头。

一顿饭吃完了，悠悠很高兴，总是缠着妈妈，和妈妈撒娇。因为她觉得：妈妈真好，那个笑容真漂亮！

用微笑来鼓励孩子的行为，妈妈最终赢得了悠悠的爱与尊敬。由此可见，适时的关心，以及微笑的力量还是很强大的！

其实，很多家长可能也明白这个道理，知道微笑会给孩子带来积极的影响。可是，他们却很难做到这一点，总是摆出一副严肃的面孔。

这些家长总是觉得："自己总对孩子微笑，会不会让孩子得寸进尺，以为自己真的成小祖宗了？"于是，为了避免想象中的"灾难"出现，家长强迫自己收起笑容，总是像上级对下级那样，从不给孩子一点好脸色。结果，孩子不仅没有认同家长的权威，还产生了反感。他们觉得："爸爸（妈妈）是不是传说中的夜叉呀？要不然她为什么总是绷着脸，这可真可怕！"

正是因为孩子有了这种心理，家长们会发现，孩子与自己的距离越来越远了。他们喜欢和其他小朋友在一起，甚至喜欢与叔叔阿姨在一起，却总对自己保持距离！这样的结局，就是由于父母不懂得微笑造成的。

相反，那些喜欢微笑的家长，却能够和孩子保持着良好的沟通关系。为什么会如此，这是因为，孩子从父母的笑容中，读出了欣赏，读出了鼓励。很多家长都会有这样的体会，孩子给你的一句赞赏常常令你十分感动。成人尚且如此，更何况是需要得到家长赞赏和承认的孩子呢？可以设想一下，如果你所做的事情没有做好，或者做得不理想，这时候，别人不是训斥、埋怨、数落，而是安慰你，给你宽心，同时还夸奖你的长处，鼓励你的信心，相信你慢慢会做好，用微笑待你，你感觉如何？你一定会感到一种暖意在血液中流淌，从而激发起信心，让办砸的事情起死回生。

与大人相比，孩子更加敏感，更能从父母的一个小举动中，感受到截然不同的心理状态。所以，家长不要总是摆着架子，不要总为孩子发愁，更不要一脸严肃地面对孩子。好父母，一定会采用微笑的方式与孩子沟通，改进自己教育子女的方法，找到那种把教育看作游戏的快乐的感觉。而孩子在这个过程中，自然也会感到来自父母的鼓励，从而与父母的距离越来越近！

CHAPTER 09

导向式沟通：
洞察孩子的厌学心理，引导孩子快乐地学习

　　学习兴趣不是天生的，主要在于父母的引导。事实上，厌学心理在孩子中间非常普遍，对于这种现象，家长不必过于惊慌，要用平常心和孩子沟通，了解孩子出现厌学心理的原因是什么，然后再进一步采取措施，协助孩子成长，最终达到学有所成的目的。

孩子厌学，主要责任在家长

孩子产生厌学情绪，原因是多方面的，但是儿童心理学家认为，其主要责任还是在家长身上，是由家长教育的不合理所引起的。这主要表现在以下 3 个方面：

（1）给了孩子太大的压力

很多父母想通过给孩子加压，让他考出好成绩，以满足自己与同事、亲友攀比的心理，却不顾孩子的兴趣所在，一味地要求他参加各种学习班，剥夺了孩子交友和玩耍的权利，使孩子失去了和同龄人交往的机会，使孩子感到生活枯燥无味，孩子处在强大的压力下，不仅感觉孤独，而且发展到了对读书厌倦的地步。在此情况下，他只有对抗或是逃避。结果，家长的做法非但达不到预期效果，反而弄得亲子冲突不断。

（2）眼里只有孩子差的方面

父母过分关注孩子学得不好的学科，实际上是对孩子长处的忽视。父母认为学得好是应当的，而差的方面是不应当的，也是自己万万不能容忍的，表现在行动上就是严厉呵斥，无情打击。这种做法，让孩子对自己的能力彻底丧失信心，并由此可能危及其他学科的学习，造成恶性循环。

(3) 过于强调孩子的远大目标

父母期望孩子早日成才，期望孩子出类拔萃，这种心情本是合理的。但也不能否认，任何事物都应该掌握好尺度，要根据实际状况，采取科学的方法，千万不能在教育孩子的过程中，怀着不切实际的"期望"走向极端。父母总是用成人的心态和眼光看待孩子的内心世界和能力，对孩子的能力发展、情绪状态、心智方面都有过高的估计。父母在这种自我沉迷的状态下不能清醒地认识问题，久而久之，使自己的行为成了一种惯性和教条。最终给孩子造成了巨大的精神压力，使孩子对受教育的感受越来越沉重，对学习越来越没兴趣和信心，甚至还导致孩子心态失衡，走上极端。

因此，该到了给孩子"减负"的时候了，不要总是给孩子太多压力、负担，对孩子的期望要合情合理，要让孩子能够看到成功的希望，"轻装上阵"不是更有利于远行吗？

亮亮上初二了，成绩中等偏上一点，这让他的爸爸很着急，再这样下去，重点高中就没戏了。于是夫妻俩齐上阵，一起督促亮亮学习，还不断给他讲一些"考不上重点高中，将来就很难考上重点大学"的道理，不过这样做似乎完全没效果，期中考试一点没进步，老师还反映说，亮亮变得内向了许多，夫妻俩只好带着儿子去看心理医生。几天后，心理医生告诉这对望子成龙心切的夫妻，他们的儿子有抑郁症的倾向，主要是因为心理压力过大。那怎么办呢？医生给他们支了一招"减负计"。

回家后，夫妻俩找儿子谈了一次话，爸爸说："亮亮，我们为你好，但却似乎给了你太大的压力，现在我们认为应该按你现在的

成绩对你提出要求。你现在是中等偏上，那就加把劲考市五中吧！五中虽不是重点，但听说教育质量也不错。""爸爸，你说的是真的吗？"亮亮眼睛亮了起来。"当然是真的了！不过，你不可以因为我们降低了要求就不认真学习，知道吗？"亮亮连忙点头。从那以后，亮亮的脸上开始有了笑容，而且也不再用父母督促着学习。中考结束了，当父母准备送儿子去五中时，却出现了一个戏剧性的转折——亮亮的分数超过重点高中的分数线17分，亮亮竟然考上了重点高中！爸爸奇怪地问亮亮怎么考的，孩子笑着说："没有压力、轻装上阵自然发挥得好！"有了这次经历，亮亮的父母决定今后要将"减负"进行到底。

教育孩子，应从孩子的实际出发，顾及孩子的爱好与特长。如果只根据家长的兴趣和愿望，那么孩子只会走向相反的道路。在高期望值的支配下，父母评判孩子好坏的标准往往会严重失衡。孩子教育的成败也多以考试分数来衡量。这实际上是家长自己背上的一个错误而沉重的包袱。因此，父母在教育孩子时，应注意给孩子"减负"而不是加压。不要以为孩子在很大压力下才会出人头地。成功的父母一般绝不给孩子太多的期望压力，因为让孩子放松身心、缓和情绪反而更好。

给孩子过高的期望，会让孩子因压力过大而崩溃；降低你的期望，为孩子减去过重的负担，却可以使孩子轻松自如地前行。

孩子学习固然有各种外在的目的和长远目标。但对孩子来说，学习的乐趣在于学习活动本身。如果孩子的兴趣是由学习活动本身引起的，他就会持之以恒。孔子曰："知之者不如好之者，好之者不如乐之者。"这实际上道出了学习的三个境界。追求学习的外在目的很可能将学习的境界局限在"知之"这一层次，孩子只能处于被动的、简单的应答阶段，无从谈起创造性，也无快乐可言。

家长们应认识到，孩子厌学有着很深的家庭根源。家长在教育和培养孩子的过程中，必须注意运用良好的教育方法，提高孩子的学习热情，从而切实地消除孩子的厌学情绪。

爸妈越"关注"，孩子越抵触

现代社会双职工家庭越来越多，白天爸爸妈妈都要上班。因此，家长为了保证对孩子的学习有一定的了解，在见到孩子后，第一句话往往是"老师今天留什么作业了"，或者是问"今天有没有考试？考了第几名"。似乎这样才能督促孩子好好地学习。在孩子看来，爸爸妈妈除了关心自己的学习和成绩之外，对自己毫不关心，自己每天在学校和小朋友们怎么玩的他们不会问，自己今天在路上看到什么、有什么想法，他们也不会问。于是，渐渐地，孩子会对爸爸妈妈每天的询问产生反感，甚至产生一种抵触情绪，这样不但不利于孩子的成长和学习，反而会让孩子变得对学习失去兴趣。

李楠最讨厌的事情就是放学回家的路上，因为每天妈妈都会来接自己，而每次在车上妈妈问的第一件事情就是"学习"。李楠已经上了二年级，但是他的妈妈对每天的学习都要了解，而对于其他的事情从

来不问。要知道他每天见到妈妈的时候，最想将当天发生的事情都告诉妈妈。比如说今天和小朋友玩了什么游戏，今天老师夸奖了自己，今天小明和丽丽发生了矛盾，等等。

今天妈妈照常来接他回家，在车上又一次问起了李楠的功课："楠楠，今天考没考试啊？"李楠没好气地说道："没有。"而此时妈妈又问道："那今天老师留作业了吗？"李楠没回答，妈妈又问了一遍，李楠点点头。妈妈似乎看出了李楠不开心，然后就没有再问。

这一次李楠考试没有考好，只考了班里的第5名，平时都是第3名。因为这件事情，李楠的妈妈很着急也很生气，然后更是对孩子的学习上心了，每天都会对孩子进行询问，并且还会给孩子增加作业。李楠更加厌倦学习了，于是，在上课的时候，便开始不认真听讲，平时也不怎么爱说话了。渐渐地，李楠的妈妈发现自己的儿子更是不好好学习了。

家长关心孩子的成绩本不是一件坏事，但是千万不要紧紧地盯着孩子的学习，不要将孩子的学习看作是一件每天必须完成的事情。要想孩子学习好，就要培养孩子的自主学习能力，让孩子对学习产生兴趣，这样一来，即便爸爸妈妈不盯着孩子学习，孩子也能够学习得很好。如果李楠的妈妈能够考虑到这一点，那么李楠也不会对学习产生厌倦的情绪。

生活中，爸爸妈妈怎样做才能让孩子主动地去学习，即便不紧盯着孩子的学习，孩子的功课也能够门门都很优秀呢？

（1）每天"小汇报"的内容要加点孩子感兴趣的内容。在孩子回到家中之后，爸爸妈妈不要急于问孩子的成绩，要先问问孩子在学校发生的事情，让孩子自己讲述今天开心的事情。孩子会将自己学习的情况自动地告诉你，与此同时，孩子会觉得爸爸妈妈是在关心自己，自然对爸爸妈妈的询问不再抵触。

（2）让孩子独立完成作业。在生活中我们经常看到有的家长会在孩子写作业的时候坐在孩子身旁指手画脚，很害怕孩子会出错，也不希望孩子出错。其实家长根本没有必要这么做，要让孩子独立完成作业。即便是出现错误，也可以在孩子做完之后再给孩子进行指导，这样不但能够提高孩子学习的积极性，同时还能够让孩子养成独立学习的习惯。

（3）激发孩子的学习兴趣。孩子对学习会产生兴趣，才能够更加主动认真地去学习，所以说家长应该想办法激发孩子的学习兴趣，比如说可以在和孩子做游戏的时候帮助孩子去学习。当孩子对学习产生兴趣之后，家长不用紧盯着孩子，孩子功课也会很优秀。

（4）在孩子成绩进步的时候要夸奖孩子。当孩子考试有进步的时候，千万不要忘记夸奖孩子。当孩子考了好成绩之后，他们最希望的就是得到爸爸妈妈的夸奖，所以说在这个时候要记得夸奖孩子，让孩子明白只要自己好好学习，爸爸妈妈就会开心，孩子便会主动地去学习了。

孩子成绩不好，越指责他越学不好

很多孩子厌学的一个原因是因为成绩差。成绩差给孩子带来了很多压力，孩子会怀疑自己的能力，担心父母责骂自己，这会使他们越来越讨厌学习，并且产生不安感。对于这种情况，家长来"硬"的是没有用的，越骂反而会越糟糕。只有使用诱导的方式，宽慰和鼓励孩子，才能带孩子走出低谷，让他们忘记学习的烦恼。

有个孩子平时学习很努力，上课认真听讲，积极完成作业，但是考试时，同桌很轻易地就考了第一，而自己才考了全班第十九名。

回家后，他困惑地问他的母亲："妈妈，我是不是个笨孩子啊？我觉得我和同桌一样听老师的话，一样认真地做作业，可是，为什么我总比他落后？"

妈妈明白，儿子的同桌给他造成了很大的压力。但是她不知道该怎样回答孩子的问题。

又一次考试后，孩子考了第十六名，而他的同桌还是第一名。回家后，儿子又问了同样的问题。妈妈觉得很苦恼，因为她不想应付孩子，比如，你太贪玩了；你在学习上还不够勤奋；你和别人比起来还不够努力……因为她知道，像儿子这样不够聪明，在班上成绩不甚突出，却一直在默默努力的孩子，平时活得已经够辛苦的了。然而这个孩子却一天天消沉起来，他在学习时总是心不在焉，老师甚至反映说，孩子曾几次逃课。眼看孩子的厌学倾向越来越明显，当妈妈的决心为儿子的问题找一个完美的答案。

周末，妈妈带着儿子一起去看海，就是在这次旅行中，这位母亲解决了儿子的烦恼。

母亲和儿子坐在沙滩上，海边停满了争食的水鸟，当海浪打来的时候，小水鸟总是能迅速地起飞，它们拍打两三下翅膀就升入了天空；而海鸥总显得非常笨拙，它们从沙滩飞入天空总要很长时间，然而，母亲告诉儿子真正能飞越大海、横过大洋的却是这些笨拙的海鸥。

同样，真正能够取得成就的人，不一定是天资聪颖的孩子；而一直不断努力的孩子，即使天资不好，也能获得成功。

现在儿子再也不为自己不如同桌而讨厌学习了，也再没有人追问他小学时成绩排第几名，因为他已经以全市第一名的成绩考入了北京大学。

生活中，很多成绩差的孩子并不是不努力的孩子，因此不要看到孩子成绩糟糕，就对孩子横加指责。这样做不但对提高孩子成绩毫无助益，甚至还会起到反效果。在家长的指责声中，孩子就会认为"我是个笨蛋，怎样也不会成为父母期望的样子"。于是他们就会陷入成绩怪圈：越考越差，越差越讨厌学习。

在这里，我们总结出几个用诱导方法帮助成绩差的孩子告别厌学情绪的方法，生活中家长们不妨试一下：

（1）用小小的成功帮孩子建立信心

明明读小学二年级，他不是个特别聪明的孩子，反应速度不够

快，数学是他最差的科目。别的小朋友可以轻松回答的问题，明明总要想上半天，因此明明越来越讨厌数学，在家里一让他做题他就说头痛。这让明明的父母也很烦恼，后来，爸爸想出了个主意：他找了几道简单的四则运算，从单位回来后告诉明明，这是二年级数学竞赛的题目，想让明明做做看。明明皱着眉头拿起笔，意外的是，20分钟后自己竟成功地做出了6道题。爸爸高兴极了，他大声地告诉明明："你太棒了！简直是个天才，你怎么说不喜欢数学呢！看这几道题解得多好啊！""真的吗？"明明激动得小脸发红，他第一次觉得数学其实是很可爱的。

明明的爸爸灵活地运用诱导方法，激发出了孩子学习的兴趣。心理学家认为经常有意识地安排一些比较简单的题目让因成绩较差而厌学的孩子做，并及时给予褒奖、赞美，会使孩子的自信心比较容易建立起来，厌学的情绪必定也会得到改善。

(2) 鼓励孩子重新振作精神

天天垂着头回到家里，这一次又考砸了，看来一顿责骂是免不了了。妈妈接过试卷一看正要发火，来做客的舅舅却劝住了妈妈。舅舅看了看试卷后，温和地帮天天分析考试失利的原因，告诉他题目正确的解法，还鼓励天天说："天天，考场是最公平的，只要你多用功，它就会给你回报！我家天天这么聪明，只要肯努力，进入你们班前3名肯定没问题呀！怎么样，努力给舅舅看看好不好？"天天开心极了，郑重地点了点头，那年期末考试，天天考了个第2名。

成绩差的孩子更需要家长的安慰和鼓励。父母应适时地帮助孩子从失败和挫折中总结教训，在哪里跌倒就从哪里爬起来。这样才能使孩子重建信心，振作精神。

（3）给孩子找个榜样

琳琳是个可爱的小女孩，爱唱歌、爱跳舞，可就是讨厌学习，老是这样怎么行呢？父母为此很发愁，后来她的父母通过与老师沟通，最终想了个办法：把她和班上的学习班长小西调到了同桌位置上。这下好了，琳琳这回可有时间向她请教学习技巧了。好在小西也是个热心肠，很乐于当这个小老师。慢慢地，琳琳对学习感觉也不再那么恐惧了，感到原来学习也这么有趣。终于，一次考试，琳琳考了个史无前例的第五名。琳琳在看到成绩时禁不住抱着小西欢呼起来："我终于考进前5名了。"从此，琳琳和小西也变成了无话不谈、形影不离的好朋友。

榜样的力量是无穷的，如果你多鼓励孩子和成绩优秀的同学交朋友，从他们身上学习良好的方法和思路，时间一长，孩子自然就会受其影响，改变厌学的态度。如果这个同学碰巧是孩子喜欢的人，那就更好了，这样将对他的影响更大。

厌学的孩子最讨厌的就是父母强制自己学习，这样做只会使他们对学习厌烦，充满敌意，对提高学习成绩也不会有任何帮助。因此聪明的父母要掌握孩子的心理，运用诱导计激发孩子的学习兴趣和学习热情，一点点地提高孩子的学习成绩。

家长、老师都应该明白，诱导、鼓励的力量远远大于批评和指责。在你要发火时不妨忍一忍，换一种方式看，也许你会给孩子和你自己一个惊喜。

改变厌学心理，父母要有"三心"

一般来讲，当家长发现孩子厌学时，通常会非常失望、恼怒，进而斥责孩子，逼孩子努力学习。然而教育学家发现，这样做效果通常并不好，孩子如果不是真心想学，那么再逼他也是没有用的。只有以爱心、耐心、细心、恒心来帮助孩子，关爱孩子，才能点燃孩子的希望之火，让孩子重拾上进心。

"妈妈，我今天不想去上学了！"7岁的南南这样对妈妈说。

"为什么？上学有什么不好吗？"

"我就是不想上学，不想去！"南南仍然坚持自己的意见。

"不行！哪有孩子不上学的道理。"南南的妈妈绝不答应孩子的要求。过了一会儿，妈妈又问南南："你是不是身体哪里不舒服？还是和同学相处得不好？"

"没有呀！就是不想上学。"南南很诚实地回答妈妈。

"那好吧，你给妈妈一个理由，如果妈妈认为你有道理，妈妈再考虑你的要求。"妈妈这样回答南南。

南南上学的时候就要到了，妈妈仍耐心地等待着南南的"理由"。最终南南支支吾吾地对妈妈说："我没有理由，我明天给你理由行吗？"

"你明天给妈妈理由，那妈妈就明天再考虑你的要求，但今天你必须去上学！时间到了，我们出发吧。"

在送南南去学校的路上，妈妈对南南讲了很多"爱学习的小发明家"的故事……

南南的妈妈是个懂得教育孩子的好母亲。

我们之所以说南南的妈妈是一个懂得教育孩子的好妈妈，是因为她面对南南的厌学情绪，耐心地进行诱导，处理得既合情合理，又达到了教育孩子的目的。假如南南的妈妈换一种教育方式，比如："你敢说不去上学？吃饱撑着啦？不上学想做什么！小小年纪就逃避学习，等你长大了，那还了得！"这样教育孩子，会收到什么效果呢？而在我们的生活中，这样的父母不是少数，他们不但没能收获到好的教育孩子的效果，反而让很多孩子变得更加厌恶学习。

我们应该明白，每一个孩子都有自己的性格特征、兴趣爱好，这种差异是极其正常的。有的孩子喜欢学习，有的孩子则不太喜欢学习，甚至于对学习还会产生种种厌恶情绪。从孩子的心理发展角度看，这样也是正常的。对此，做父母的责任不应当只是问"不上学你想做什么"，而应当帮助孩子找一找"为什么不喜欢学习"的原因。实际上，如果父母能采取一些积极的、行之有效的措施，那么，孩子的厌学情绪是可以改变的。

厌学的孩子在心理上一般都比较脆弱，所以更希望得到别人的关怀和理解。因此家长应当多给孩子一些关怀和帮助，少一点冷语和斥责。专家认为，对待厌学的孩子，父母应该有爱心、耐心、恒心。

（1）爱心

我们常听到有些父母这样抱怨自己的孩子："这么不争气，养你有什么用？""上学有什么不好？这样不爱学习的孩子扔掉算了！"也许

这些都是气话，但孩子会很容易当真，而且从另一个侧面，这也反映出许多家长的一种心态——对孩子的爱不是无条件的，而是有条件的，至少需要孩子用听话、爱学习来交换。这实在是一种不科学的主观想法。要想改变孩子的厌学情绪，付出爱心是基本的要素之一。家长对孩子的爱是发自内心的，是无私的、不求回报的，重要的是，能让孩子感受到父母给予的爱，并为这种爱而感动、行动。

（2）耐心

生活中，一些家长常常因孩子不爱学习而斥责和打骂自己的孩子，多数原因就是家长在实施教育的时候缺乏耐心。他们常常因为孩子不能一下子领会自己的意图，不爱做功课就火冒三丈，大声斥骂，甚至体罚孩子。这种没有耐心的教育方法，不仅起不到促进孩子学习的效果，相反还会使孩子产生自暴自弃和逆反心理，久而久之，更会影响亲子关系。作为家长，一定要明白，改变孩子的厌学情绪不是一件容易的事情，不能有半点儿急躁心理，也没有任何捷径可走。所以，父母需要有很好的耐心，要耐心地教育孩子，耐心地陪孩子玩，耐心地为他讲道理，耐心地听他说……

（3）恒心

改变孩子的厌学情绪，对家长来说是一项长期而艰巨的任务。作为家长一定要有恒心，要坚持不懈地朝着既定目标对孩子进行培养和教育，绝不能"三天打鱼，两天晒网"，更不能碰到困难就轻言放弃。

9岁的强尼是个调皮的孩子，最喜欢玩游戏，最讨厌学习。老师常常给强尼的父母打电话："强尼又逃课了！你们快管管吧！"强尼的父亲生气地说："这样坏的孩子不要管他算了！"但强尼的母亲却认为天下没有管不好的小孩子，因此一定要好好教育强尼。有一次，妈妈和强尼谈了整整一个下午，强尼向妈妈保证，以后再也不逃学了，强尼的父母都觉得很欣慰。然而还没过两天，强尼的老师又打来了电话："强尼又不见了！"当天晚上强尼很晚才回家，父母正坐在客厅里等他，他害怕极了，但父母却只是温和地招呼他吃饭，饭后又询问他没去上学的原因。强尼突然哭了起来："我以为对我这样坏的孩子，你们一定讨厌极了，你们一定会放弃我了！可你们为什么还关心我呢？"强尼再一次保证以后绝不逃学，而这一次他做到了，强尼的父母再也没接到过老师的电话。等到了4年级的时候，强尼已经成了一个学习很优秀的学生。

好家长在教育孩子的时候，都有长期的计划和安排，他们深深懂得"只要功夫深，铁杵磨成针"的道理，因而绝不轻易放弃孩子，而他们的恒心、他们的坚持最终也改变了孩子。

要让孩子爱学习，父母首先就要把握自己的态度，只有让孩子感受到家的温暖和父母的关心，孩子才能逐渐地克服和改正他的厌学情绪和厌学行为。

利用逆反心理，调动学习动机

一些家长常为孩子的逆反心理而头疼不已，他们总是要和家长做对，越不让做的事情越要做。其实，这种逆反心理也不完全是坏事，

比如，家长如果利用孩子的这种逆反心理治厌学，便会收到神奇的效果。

据说清代大将年羹尧就是中了"激将法"，才由捣蛋顽童成长为一代名将的。年羹尧 13 岁时，仍然大字不识一个，整天只知道玩耍。他父亲年遐龄，官做得很大，颇有权势，请来过不少名儒教子。但儿子太顽皮捣蛋了，就是不肯读书。老师对他客气了，他不听；对他严厉一点，他就想出种种刁钻古怪的方法来对付，把老师捉弄得狼狈不堪，老师请来一个气走一个。最后，年遐龄干脆不给他请老师了。

一天，府中忽然来了一位先生，自荐愿教年公子。来的这位先生，看上去有 70 多岁，他对年遐龄说："如果大人肯相信我，按照我的要求去做，3 年之后，贵公子就会脱胎换骨。"

按照老先生的要求，一座花园在一个偏僻的乡村建造起来了。楼阁中堆满各类书籍，经史子集，无所不备；厅堂上排满各式兵器，刀枪剑戟，一应俱全。花园的围墙上开了个小洞，供一日三餐、送饭递水之用。园中只住教书先生与年羹尧一老一小二人，此外没有一仆一婢。

这位老先生教书的确与众不同，整天只管自己读书，对年羹尧不闻不问，连话都不跟他说一句。而年羹尧呢，觉得这正合自己的胃口，老师不管他，正可以率性而为，高兴做什么都行。于是他挖池塘，填沟壑，移栽花木，全凭着自己的兴趣，天天忙得不亦乐乎，玩得痛快淋漓。

不过，这样的游戏一再重复，渐渐地他有些玩腻了。

一天午后，老师正在读书。年羹尧站在老师旁边，站了大半天，老师竟然一无所觉。年羹尧觉得十分奇怪，自己连这么大的花园都玩腻了，老师的书怎么读不腻？而且越读越有精神，这是什么道理？便忍不住脱口问道："老师每天读书，一点不觉厌烦，难道书本真的这样有趣吗？"

老先生随口答应道："味道极好，不是你能知道的，快去玩吧，不要来纠缠我。"说完，老师又低头自顾读起书来。

这下年羹尧可不高兴了，赖在老师身边不肯走，一定要看书。老先生看到年羹尧被他给"激"出兴趣来了，暗暗高兴，但又故意说："好吧，那我就教你吧！不过咱们说好了，不想学时就赶快说一声，我还有那么多书要读呢！"年羹尧想了一下："不，我要读就要读到学问很多才行！"老先生于是先取来经史典籍，每天与他讲习；又取来兵书阵图与他分析。早晚之间，便教他舞剑使枪，传授武艺。年羹尧天性聪颖，一经专心，学无不精。

3 年后，年遐龄见儿子英气俊爽，举止有礼，不再像从前那样蛮横。与他谈及学问，文韬武略，见识竟然在自己之上。他的欢喜之情，溢于言表。这才相信老先生所言果然不虚。

后来，年羹尧果然成了清朝一代名将，安邦定国，开拓边疆，建立了不朽的功业。

不管这个故事是真是假，我们都能从中学到一个教子的窍门：对于难管的孩子，我们不妨利用他的逆反心理去刺激他，比如你希望孩子去学习，但偏偏不许他去学，孩子为了"反抗"，就一定会乖乖地钻进你的"圈套"里。在这个故事里，那么多老师苦口婆心，严词教诲，都没能使年羹尧改掉顽劣的毛病，但老先生的一句"快去玩吧，不要纠缠我！"就轻轻松松地让他改变态度，潜心向学，看来激发计真是妙用无穷。

逆反心理在心智尚未成熟，年纪较小的孩子身上表现得更为突出，如果父母善于利用孩子的逆反心理，则可对他们的学习发挥更大的作用。对于孩子来说，反抗就是反抗，根本不必有什么道理，这就是孩子的心理模式。然而，父母们平时一般都不停地要求孩子"好好学习"。那么，结果如何呢？不但孩子的厌学情绪丝毫没有得到改善，可能还会激发孩子们的反叛心理。

在治疗孩子厌学症的时候，这种逆反心理是非常有效的。试试看把平时高举的"好好学习"的标语改换成"不许学习"，甚至可以故意刺激孩子："既然你不喜欢学习，那就不要学习算了。"那么，孩子一定会说"为什么呀？我偏要学习给你看"，于是他可能主动积极地坐到书桌前面了。下面举出两种利用孩子逆反心理的方法，父母不妨一试。

(1) 学习计划开始前，先让孩子远离学习

日本有一家鞋业公司经常研制出新颖美观的鞋子。这是因为他们有一项半强制性的规定：连续工作 3 年的员工休假两个星期，在休假期间不许考虑任何与工作有关的问题。据说休假的员工大约过了一个星期之后就特别想工作。事实上，公司老板的用意也正在这里。让员工们在这种远离工作的饥渴状态下重新接触工作，从而会产生更多新鲜的创意。

在对孩子开始执行学习计划的时候，让孩子在一段时间内完全远离书本，也是一个好办法。刚开始的时候，孩子多半会很轻松惬意地玩耍，但不久他们就会感到不安，同时对学习的欲求越来越强烈，甚至会自己主动提出来要学习，这时再允许他们学习。由于对知识如饥似渴，孩子一定会非常认真，把全部精力投入到学习当中。

(2) 用"不许你上学"代替"不然就送你上学"

前文已经说过了，运用逆反心理刺激孩子，对越小的孩子越有效。知道了这一点后，父母在孩子年幼的时候，就可以运用此计来激发孩子对学习的渴望。

天天4岁了，他是个淘气的男孩子，几乎没有一天不惹祸，妈妈为了教训他，就常对他说："天天，你要是再敢淘气，妈妈就送你去上学，让老师管你，看你怎么办！"天天5岁时，父母决定将孩子送去上学，没想到天天说什么也不肯去，哭得满地打滚，爸爸妈妈只好把孩子带回家。这时他们开始反省自己的行为，认为是自己的言行给孩子带来了负面影响，并决定改变策略。这一次，爸爸妈妈在路上看见上学的小朋友时就故意大声说："看！这个小朋友一定又听话、又聪明，因为他在学校里可以学到那么多东西！"天天再不听话的时候，妈妈就会说："好吧！你尽管不听话好了，妈妈不许你上学了！"这样一段时间后，天天开始缠着爸爸妈妈买书包，一定要去上学。

如果你的孩子不愿意去上学的话，那么不妨用这个方法试试，当你说"不许你上学"时，孩子就一定会把上学看成是一件非常神圣的事，而一定要去做，这条计策对于治年幼孩子的厌学来说，是非常有效的。

利用逆反心理治厌学时，应该掌握一个度，如果太过激烈可能会使孩子灰心丧气，因此具体运用时，不能操之过急。

妙用激将法，激发孩子好胜心

俗话说"请将不如激将"，这是什么道理呢？心理学上讲，每个人都有自尊心，但有时自尊会受到压抑，这时你故意刺激他，使他的自尊心解放出来，形成一种好胜心理，这也被称为人的心理代偿功能。激发计就巧妙地运用了人的这种心理特点，而把这个计策运用到孩子身上去，也同样有效。

下次，他会为了鸡腿考100分！爱因斯坦有一个叔叔叫雅各布，是一个工程师，也是一个数学爱好者。

爱因斯坦小时候成绩不好，但却爱问叔叔一些奇奇怪怪的问题，叔叔总是耐心地给他解答。到读中学时，爱因斯坦对数学产生了浓厚的兴趣，数学成为他中学时代最大的业余爱好。而叔叔雅各布就经常关心爱因斯坦的数学学习。有一天叔叔和爱因斯坦聊天，谈到了代数。"究竟什么叫代数？"爱因斯坦问叔叔。

叔叔解释道："代数很简单呀，凡是不知道的东西，都把它叫作X，然后我们一步步地来找X，一直要找到X为止，只有找到X，我们的题目才解出来了。"

从此以后，爱因斯坦常常听叔叔讲趣味数学题，因此他对这种藏有X的趣味数学题开始着了迷，他一放学就一个人在自己的桌子上又写又算。

有一天叔叔在纸上画了一个直角三角形，在各个角顶处标上了符号 A、B、C，并写出 AB2+BC2 = AC2 这样一个公式，然后严肃地对爱因斯坦说："这就是大名鼎鼎的毕达哥拉斯定理，阿尔伯特，你在数学方面有天赋，你也来试试吧，毕达哥拉斯在 2000 多年前就会证明了。难道 2000 多年后的阿伯特就不能证明出来？"

那时爱因斯坦还未学习过几何课程，12 岁的他对几何一无所知。但爱因斯坦自尊心强，而且生性好强，尤其在科学的探讨上从不肯认输，有一股钻研的蛮劲。他被叔叔的一席话激发了。他想："毕达哥拉斯 2000 多年前就会证明了，难道我阿尔伯特·爱因斯坦就不会做？我又算什么呢？"强烈的好胜心驱使着他，他下决心试一试。他每天苦苦思索，努力寻找证明的方法，第一周过去了，第二周也过去了，还没有任何结果。爱因斯坦并不气馁，他继续反复琢磨和思考，终于在第三周独立地把这个定理证明出来了。

爱因斯坦的叔叔雅各布在引导爱因斯坦做几何题，证明毕达哥拉斯定理时巧妙地运用了激将法，他那句"难道 2000 多年后的阿尔伯特就不能证明出来"的话极富挑战，激起了爱因斯坦的自尊心、好奇心和好胜心，于是 12 岁的爱因斯坦虽然从未学习过几何课程，但自尊心、好奇心、好强心驱使着他，他决心试一试，凭着他的天赋和一股不服输的蛮劲，用了 3 个星期的苦苦思索，爱因斯坦终于把这个定理证明出来了。由此可见，雅各布在侄儿爱因斯坦身上运用激发计的教育方法收到了很好的效果。

而激发计之所以能奏效，还在于人体内的高级神经系统有敏感地反应外界刺激的功能，这种刺激还会引起身体内部物质的分泌，从而

影响人的活动。如人生气时食欲大减，高兴时食欲大增。

要使用好激发法，除了有生理机能做基础外，还要注意方法得当。首先，被刺激的孩子要有较强的自尊心。比如《世说新语》中有一个故事，说有一个叫周处的人"凶强侠义，为乡里所患"，许多亲朋好友都劝他学好，可他不听。不过他也有优点：有侠气，曾自告奋勇地上山打死了猛兽，下海杀死了蛟龙。于是，有一个老人为了让他改邪归正，故意激他说：乡里人有三怕，怕猛兽、蛟龙，现在这两怕都给你征服了，只剩下"一怕"了。周处问："哪一怕?"老人坦然地告诉他说："就怕你周处横行霸道啊！"周处听后，劈手自击，发誓要把这一"害"征服。从此，他痛改前非，最后成为众口称赞的好青年。周处劣根性很多，但自尊心很强，老人在这里直言他也是"一害"，用了"激将法"调动了他的自尊心，起到了平时规劝起不到的作用。但是，如果孩子自尊心不强，你用"激将法"激他，也不会有什么作用。

其次，要考虑孩子的实际能力。有的孩子虽然有一定的自尊心，但天赋平平，纵使你的激将法用得再巧妙，也难以调动他的积极性，就是把积极性调动起来了，也难以达到理想效果，有时反而适得其反。有个孩子在校学习成绩很差，他父亲对他说："这次考试你要是进不了前十名，就别进这个家门，我也就算没有你这个儿子。"因为这个学生基础太差，考试后仍有几门功课不及格，这个孩子便不敢再进家门，竟投河自杀了。这样的后果完全是由于这位家长不考虑孩子的实际能力，而一味刺激孩子，结果把自己的儿子给"激"死了。

最后，激发孩子要把握一个"度"。因为激将法所使用的言辞都是比较激烈的，所以，在使用这个方法时应建立在知己知彼的基础上，建立在孩子能经受"刺激"并转化为"精神能源"的基础上，如果失去了这一基础，就难以如愿以偿。另外，还要注意掌握"激"的度，即分寸，"激"不到一定程度，则引发不起"奋"，但如果"激"过了头，又会适得其反。

寓教于乐，把"苦差"变"美差"

有厌学情绪的孩子，通常会把学习当作一件苦差事，甚至当成一种惩罚。对于这样的孩子，我们就只能诱导出他们学习的兴趣。也就是说，我们要根据情况，顺着孩子的脾气慢慢疏导，让孩子把学习当成一件快乐的事情。专家认为，父母引导孩子将学习游戏化，就是非常有效的方法。

9岁的聪聪正如他的名字一样，是个很聪明的孩子，可就是对学习毫无兴趣，旷课、逃学都是家常便饭，打不听，骂不灵，父母、老师拿他毫无办法。有一天，聪聪独自一个人在院子里玩耍，他从杂物箱中翻出了两小块磁铁，他将其中一块放在地上，一块握在手里，地上的那块磁铁一会儿被手中的磁铁推着走，一会儿又紧紧吸在一起。这时父亲走了过来："聪聪，你知道磁铁的奇妙之处吗？""有什么不知道的"，聪聪撇了撇嘴，"我用正面对着那块，那块磁铁就会被推着走，我把手中的磁铁转过来，它们就又会吸在一起！"爸爸笑了："你呀，还没弄明白呢！磁铁分为正极和负极，而且'同极相斥，异极相吸！'

利用这个道理还可以发电呢！""真的吗？"聪聪惊喜地问，"那我的这块是正极还是负极？为什么正极和负极就要吸在一起？"爸爸耐心地给聪聪讲了一下午，并陪他做了很多试验。当聪聪知道这都是物理学中的知识后，兴奋地告诉爸爸自己以后要做个物理学家。

在游戏中学习，在学习中游戏，这是一种很适合孩子的教育方法，对激发孩子的兴趣和求知欲大有好处。那么，怎样才能把学习游戏化呢？

（1）玩一些开发智力的猜谜游戏

父母可以试着把孩子要掌握的知识编排到游戏中去，比如说游戏填空、成语接龙等。或者把知识编进谜语，让孩子猜，猜对了给予奖励等等。在考试之前，父母还可以和孩子一起猜一猜"明天考试会出什么题呢？"孩子为了能够猜中，很可能就会扩大复习范围，提高复习的效率。从孩子的心理来讲，如果这次体会到乐趣，以后就会主动去猜题。孩子们渐渐地就会萌发好胜心，取得的效果也就更加明显。而且，猜题的过程其实也起到了复习功课的作用。简单的猜谜游戏，却能够引导孩子走上爱学习的道路。

（2）老游戏新用

有很多人对于汉字和诗词的记忆都是得益于小时候玩的汉字卡片。甚至于成年之后，仍然能够听到上句，立刻脱口而出下句。

如果只是背诵汉字、诗歌，当然不会留下如此深刻持久的印象。因为得益于游戏，才会很自然地刻在头脑中。

对于那些不喜欢背汉字的孩子，就可以把读音和笔画写下来，做成汉字卡片。另外，用扑克牌玩"24点"等计算游戏，也是在学习算术。

（3）在找错游戏中培养孩子学习的兴趣

在家长会上经常有父母提到自己家的孩子不读书、不看报，令人担忧。然而，这些不读书、不看报的孩子也对报纸上的找错游戏很感兴趣。这种找错游戏不仅登载在大人杂志上，在那些面向儿童的报纸、杂志上也几乎都毫无例外地登载着。这就证明，不仅大人们喜欢这种找错游戏，孩子们也很欢迎。而且，令人吃惊的是大人们需要一天才能解答的问题，孩子们时常当场就能找到答案。这大概是因为孩子们充满了好奇心，所以特别热衷于这种找错游戏。

父母不应错过这个发挥孩子好奇心的好机会。比如说，和孩子一起做习题集的时候，可以故意把答案说错几处。当发现这些错误的时候，孩子一定都很兴奋。如果孩子能够带着这种找错的热情把一本习题集从头到尾反复阅读的话，那一定能帮他更好的复习。

（4）拼图游戏寓教于乐

著名的教育学家蒙台梭利先生把世界地图做成拼图游戏，把这种方法当作激发孩子学习兴趣的第一步。孩子对拼图游戏天生有一种好奇，即使那些从来不看地图的孩子听说是拼图游戏，也都聚精会神地把打散的地图拼凑起来。那种情景无论是谁看到都会感到很惊讶。孩子们都喜欢游戏，特别是拼图游戏在世界范围内都大受欢迎，经久不衰。日本自古以来就有的"嵌绘"就属于这类拼图游戏。可见这种拼图游戏从古至今都是受欢迎的。

比如说，让一个对地理毫无兴趣的孩子来做本国地图的拼图游戏。虽然他对本国地图本身是不感兴趣的，但是他却会被游戏所吸引。而且，孩子们都是完美主义者，即使有一块拼图没有拼装上去也会不高兴。当他完成整个拼图的时候，本国地图的全貌一定已经深深地刻在

他的脑海中了。

（5）让孩子跟自己玩个竞争游戏

孩子总是争强好胜的，在做题的时候，让孩子把自己当对手，父母为他记录一下半个小时做了多少道题，再让他不断挑战自己的纪录，如果挑战成功的话就给孩子一些奖励。这样一来，孩子的学习热情就会被调动起来，学习的效率也会大大提高。

在学习中添加游戏的因素，可以改变学习在孩子心中的印象，让学习变得生动有趣，要注意的是这是一个渐进式的过程，父母们一定要多点耐心才行。

教授式沟通：
解决社交心理障碍，不让孩子成为
社交孤岛

如果你希望孩子幸福又成功，仅仅帮助他在学业上有所成绩远远不够，你还要帮他处理人际关系。作为成年人，我们的幸福指数取决于我们与周围人的相处状况。作为父母，我们有责任帮助孩子驱除社交心理障碍，让孩子掌握相应的社交技能，享受和谐相处的快乐。

退缩，可不仅仅是羞涩那么简单

8 岁的莎莎在上小学二年级。莎莎刚上幼儿园的时候，每次都是刚到幼儿园门口，她就紧紧抓住妈妈的衣服不放，然后放声大哭，妈妈只好强行把她送进班里。老师给她安排座位她不坐，给她玩具她不要，就抱着自己的小书包，独自一人站在教室的角落里哭。直到 1 个月以后，她才勉强与小朋友坐在一起，但说话的时候很少，显得格格不入。

以后每次开学，莎莎都显得很不适应，每次新学期的前几天她都无任何理由地哭哭啼啼，对于老师关切地询问，她也默不作声。上课时，她表现得很胆怯和退缩，从不主动举手回答问题。平时做游戏，也都是被动地参与。莎莎害怕老师提问，害怕老师让她读课文、表演节目。

为此，老师和莎莎的父母绞尽脑汁，几乎想尽了一切办法，试图让她活泼开朗些、积极主动些，但似乎并没有什么效果。

像莎莎这种情况，心理学上叫作"儿童社交退缩症"。有这种心理障碍的孩子通常孤独、退缩、胆小、害怕，不愿到陌生的环境中去，甚至连逛公园、去动物园、看电影、随父母到亲友家做客都不愿意；也从不主动与其他孩子交往，常常很少交朋友、沉默寡言。

社交退缩症给孩子的成长带来的负面影响是多方面的：难于结交

新朋友，无法与人共享亲密与关怀；难以与人有效的沟通，因而妨碍自己意见的表达与自身权益的维护，容易引起他人的误会，妨碍他人对自己的正确评估，因为社交退缩总是给人一个不友善、不信任、不坦诚、缺少热情的印象，使得他人很难了解他的真实能力。

事实上，当社交焦虑或者社交退缩导致同伴关系变糟糕的时候，通常还会涉及其他的问题。比如，有的孩子可能有强烈的攻击性、易冲动或者极度活跃，也有的孩子缺少社交能力和技巧，最终，这些孩子会变成社交弱势。这也就是说，他们可能会被忽视、不被接纳，甚至更糟糕的是，同龄人完全排斥他们。帮孩子纠正社交退缩，这是家长们的当务之急。

对孩子社交退缩症的治疗，主要是家长对孩子进行心理治疗，其要点包括：

（1）寻找孩子社交退缩症形成的原因，对症治疗。如果是父母教养不当，则应从改变教养方法入手；如果是孩子经受某种重大刺激，则应加以慰藉和开导，力求家庭环境和父母态度有利于孩子身心的发展。

（2）鼓励孩子参加集体活动。与小朋友们一起玩耍，有助于孩子克服孤独感，较快地适应外界环境，建立融洽的人际关系。

（3）加强体育锻炼。健身的同时锻炼意志，豁达情怀，培养孩子的乐观性格。

（4）对社交退缩症严重的孩子，建议家长在医生的指导下，适当使用抗抑郁药物。父母过分的疼爱和关照会造成孩子的畸形成长。唯一矫正的方法就是让孩子融入集体，增加交往。

辅助孩子度过人际关系敏感期

每个人都需要朋友，孩子也不例外。等到孩子到了人际关系敏感期，你就会发现他每天都在期待和小伙伴在一起，甚至到了吃饭的时间、有很多好吃的诱惑他，他也不愿意回家，想要留下来和小伙伴一起玩。

李安琪今年 4 岁半了，每次去学校时都会从家里面带一些零食和玩具，到了学校之后看到其他小朋友，就会大方地将自己的零食和玩具分给他们，但前提是对方要和自己玩。当其他小朋友因为零食和玩具答应和李安琪一起玩的时候，她就会开心地说："随便拿吧！"一会儿工夫，所有的零食都被"瓜分"完毕。她便愉快而满足地和小朋友嬉戏追逐。但是有时这种方法也不管用，李安琪会表现出自己对交往的看法："妈妈，为什么小朋友们有时候和我玩，有时候不和我玩，零食都不能让他们和我玩。"李安琪的妈妈不知道该如何安慰孩子，只是紧紧的搂着她，让她感受到妈妈给予她的支持。

有研究表明，儿童人际交往的敏感期首先通过食物产生连接，就是"谁和我分享零食，谁就是我的好朋友"。但是，两三个月后，儿童就会发现一个秘密，在我没有好吃东西的时候或者他们把自己的好东西吃完后，关系就会很快结束。儿童发现这个秘密之后就会找一个不会消失的东西和周围小朋友建立关系，即玩具。儿童于最初通过分享玩具给对方玩，或和对方交换玩具，或把玩具赠送给对方的方式建立联系。几个月后，很多孩子会发现，对方得到这个玩具后就可能和自己结束玩伴关系。此时儿童再次发现，通过玩具也无法维持一个正常的交往关系。因此，经过几个月的时间后，儿童会再次放弃这样的关系。最终儿童会发现，交朋友必须要和对方有相同的爱好和兴趣，或者我喜欢他，或者他喜欢我，或者双方都可以相互理解。志趣相投的人更容易交朋友，和这样的伙伴一起玩才能达到真正的和谐。那么家长该如何引导处在人际交往敏感期的孩子交到好朋友呢？

（1）鼓励孩子良性交友

孩子交友的过程中，家长应该教育孩子信赖朋友、珍惜友谊，避免怨恨、怀疑、敌视他人，也不能无故欺负比自己弱小的孩子。

（2）给孩子处理问题的空间

想让孩子将人际关系的敏感期发展好，就要让他自己完成这样一个周期，在这个过程中，家长应当给孩子空间，让孩子独自处理问题，直到孩子需要成人介入的时候再辅助孩子解决问题。介入时不是告诉孩子该怎么做，而是要倾听孩子说出他们之间的纠纷，让孩子自己找出关系中存在的问题。也就是说，这个阶段的儿童拥有发现、分析和解决问题的权利，同时拥有设计出解决问题的计策与方案的自由。家长千万不要剥夺孩子这样的自由。这样才能让孩子顺利度过人际关系的敏感期，顺利进入到下一个周期。

（3）肯定孩子交朋友的行为

如果孩子交到了朋友，家长应该由衷地替孩子开心，并对孩子说："很高兴你交到了自己的朋友，以后要和好朋友分享自己的零食和玩具哦。"或者说："妈妈也想见见你的好朋友，下次妈妈再去学校接你的时候要把他介绍给妈妈认识哦。"

（4）孩子没有朋友，积极帮孩子找朋友

如果孩子还没有找到朋友，家长应该鼓励孩子和附近的小朋友一起玩，或者和亲戚、朋友家的孩子一起玩，同时适时和孩子讨论他们交往的情况，并帮孩子分析、做出选择。

（5）欢迎孩子的朋友来家里做客

父母应该热情地欢迎孩子的朋友来家里做客，孩子的朋友进门之后，父母应该说："欢迎你"或者"很高兴你来家里玩"，而且要鼓励孩子认真接待自己的朋友，让孩子的朋友可以感觉到你的支持和赏识。

（6）引导孩子正确交友

如果孩子陷入到了不当的交际圈中，父母也不能听之任之，而是要充分利用孩子喜欢交往的心理，正确引导和帮助孩子建立起纯真的友谊。父母应该鼓励孩子积极参加各项有益活动，但是必须让孩子明白哪些朋友不能交，如果你对孩子的朋友某个方面不满意，要当着孩子的面严肃地说出来。

引导太害羞的孩子放开自己

害羞不完全是天生的，而是与环境有关，指责、怒骂往往会让孩子更加退缩，

小明是个腼腆的孩子，人多的时候，让他说句话唱个歌什么的，他

教授式沟通：解决社交心理障碍，不让孩子成为社交孤岛

不是支支吾吾不开口，就是哭着跑开了。因此，爸爸每次带小明出门，回家后都少不了批评他一顿："你怎么这么不争气，连句完整的话都说不出来。"这以后，为了避免尴尬场面，爸爸越来越少带小明出门了。

孩子之所以会形成腼腆内向的性格，与父母的少鼓励、多指责有很大关系。腼腆的孩子一般都会自信心不足，父母一味地指责只会让孩子的自信心再次受到打击。可以想象，一个自信心严重受创的小孩，又怎么可能变得开朗大方呢？有很多怕生的孩子的家长，在孩子给自己"丢面子"时（比如让孩子招呼人却没有招呼时），都会赶紧向对方解释，"我家儿子太腼腆"或"他是我们家脸皮最薄的"。殊不知，这种当着孩子的面说孩子害羞是十分不妥的。这就好似给孩子贴上了一个"害羞"的标签，当这种"我是害羞的"的意识深深植入孩子的内心，他就会认为自己就是这个样子了，以后他还会利用这个标签来逃避不喜欢的人——这时，害羞就成了孩子一种有意识的行为。

要改变这种状况，当父母的首先要改变自己的心态，正确地对待孩子害羞的问题。有些家长看到别人家的孩子说话大大方方，响亮清脆，而自己的孩子却扭怩着不愿意吭声，内心里就又气又急，其实，这是完全没有必要的。

美国心理学家沃伦·琼斯认为，害羞虽然是一个人的弱点，但害羞的人比较聪明、可靠、讨人喜欢，更能体谅别人。而且，害羞的孩子虽然看起来少言寡语，但勤于思考，行动力强，能吃苦耐劳，更富有创造性和实干精神，成年后也不会说长道短、搬弄是非，因而多能受到他人的信任。

因此，对于孩子那些程度不是特别严重、只是在较短一段时间内存在的"害羞"行为，父母没有必要过于担忧。如果孩子的害羞相当

严重，而且既不是只在某些特殊情境，也不是只在一段较短的时期内出现，有可能影响了以后的社会交往和事业时，父母可以耐心地帮助他们进行矫正。

(1) 对孩子进行精神投资

美国心理学家坎贝尔提出：要使孩子心理健康，爸妈和长辈要做出相应的"精神投资"。爸妈要注意及时表扬孩子的优点，使他们为自己骄傲，从而更好地建立自信心；要深情地注视孩子，和孩子进行温馨的身体接触，一心一意地关心孩子。

(2) 对孩子的指责少一点

爸爸妈妈要掌握孩子身心发展特点，如果孩子做错了事，要辩证地分析原因，多注重动机，少强调结果，不能一味地指责。同时，对孩子不良行为习惯也不能只批评指责，更不能讥笑打骂，否则更会伤害孩子的自信心和自尊心。

(3) 尊重孩子的自主性发展

幼儿时期是孩子自主性发展的关键时期，父母如果大包大揽、事事代劳，或是粗暴干涉横加指责，就会压抑孩子自主性的发展，使他们怀疑自己的能力，形成胆怯心理。因此，爸爸妈妈要多鼓励孩子做些力所能及的事情。孩子做得对，要给予肯定表扬，做得不太好的地方，除告诉他们应该怎么做外，还应该鼓励他们下次做好，增强孩子发展自主性的积极性。

(4) 请求老师的帮助

在集体生活中，最能锻炼孩子的能力。家长应该主动与老师联系，将孩子的性格特点、兴趣爱好等告诉老师，请老师多帮助孩子，多给孩子锻炼的机会。

（5）给孩子提供交往机会

对于害羞、不善于交往的孩子，爸爸妈妈要有意识地对他多鼓励，少批评，尽可能为孩子提供与人交往的机会。例如：鼓励孩子与小朋友一起玩；让孩子做招待客人的小主人；鼓励孩子参加班里的一些讨论或活动等。

（6）学会民主平等的教育方式

爸爸妈妈在教育子女时，要采取民主和平的方式，这样孩子就比较容易形成和善交际、能和人合作又能独立自主的性格特征。如果采用专制的方式，那么孩子较容易出现情绪不稳定、依赖性强、胆怯、看见陌生人害羞等现象。

淡化怕生心理，让孩子变成"小外交家"

6岁的洋洋是一个比较敏感的男孩，过年的时候，家里有许多客人来拜年，由于他特别怕生人，一直躲在自己的房间里不敢出来。

爸爸妈妈带他参加朋友的婚宴，他会显得局促不安，当新人入场，音乐响起，大家一起鼓掌的时候，他却大哭大闹，一定要离开，搞得爸爸妈妈很尴尬。

另外，他的胆子也很小，平时爸爸妈妈带他去公园玩，他连波波池都不敢跳进去。反而比他小的孩子在里面玩得非常开心。

怕生，一般发生在 8 个月到 2 周岁左右，1 周岁左右会达到高峰。是孩子发育过程的必经阶段，孩子害怕看到陌生人，看到陌生人会哭，躲开跑开等，都是怕生的表现。

其实，孩子怕生是一种自我保护机制，属于一种正常心理现象。但是，由于每个孩子所处的环境不同、父母的教育方法不同，有的孩子到了 3～4 岁仍然存在"怕生"的现象。这就需要引起父母的注意了。如果孩子的生活里总是那么几个熟人，他很可能会成为社交孤岛，不仅对新环境缺乏适应能力，与不熟悉的人交往时也会别扭、不自然，这对孩子的成长显然是不利的。

想消除孩子的怕生情结，家长首先要找出孩子怕生的原因，做到对症下药。造成这种"怕生"现象的原因主要有两个：

(1) 环境因素

现代家庭多为小型的 3 口之家，住的又是高楼独户，关上门就是一个小天地。独生子女在家中多数时间仅面对自己的父母，长年累月无外人接触，慢慢使孩子形成一种习惯，在心理上形成一种"定势"，认为只有和父母在一起最安全，最自在，而见到陌生人则感到不安全。

(2) 教育不当会导致"怕生"

有的父母怕孩子单独外出会闯祸，就吓唬孩子，孩子因此变得胆小，怕见生人；有的父母怕孩子外出受到别人的欺侮，怕吃亏、学坏，认为还是关在家中好；有的怕孩子与人接触传染疾病，情愿让孩子闭门独处。

这些父母都是人为地限制了孩子的活动范围和交往机会，使孩子不能获得外界的信息，过着封闭式的生活，就必然会使婴儿期自然的"怕生"现象延续到幼儿期，甚至还会影响到儿童和青年时期的个性。

那么，对于怕生的孩子，父母应该如何正确引导呢？

（1）父母淡定。对待孩子的怕生问题，爸爸妈妈一定要持有一颗平常心，千万不要当众指责孩子的缺点，要知道，你当着别人的面说孩子怕生，孩子就会潜移默化的觉得自己就是个怕生的孩子。

（2）接受孩子的怕生情绪。在遭遇孩子怕生哭闹的情形时，爸爸妈妈一定会觉得很没有面子，这个时候，我们就要拿出博大的胸怀来接受孩子。尽量做到不批评。这一点非常重要，各位家长一定要记住。往往在我们坚持一段时间以后，孩子自己就忘记自己的怕生行为了，慢慢就会变得大方起来。

（3）多带孩子出入公共场合。去应酬或者出去跟朋友聚会的时候，如果条件允许的话，我们可以把孩子带在身边，让孩子接触更多的人。估计一开始他肯定会排斥或者惧怕，我们要温和对待，要以他为骄傲，以他为自豪。让孩子觉得我们并不因为他的怕生而小看他。

（4）对新环境和家里的来客尽可能事先告知孩子，可预先给孩子设计一下交流用语等，当客人来到的时候，尽可能鼓励孩子接待客人，及时表扬。对新环境的适应，可先让孩子进入一个类似的环境，先观察或参与，让孩子感觉到环境的存在，避免让孩子一下子进入一个陌生的环境，产生强烈的回避反应。爸爸妈妈尤其不要吝惜自己的称赞，应积极奖励孩子行为进步的表现。

（5）有意识经常带孩子接触外界。如节假日带他到亲朋好友的家走走，去公园或游乐场所与同龄的小朋友一起玩，一开始我们可陪伴在旁与孩子们一起做游戏、讲故事，鼓励孩子与小朋友交换玩具或物品，当熟悉之后可让小朋友们自己玩，使孩子在欢乐中享受到集体的快乐和交换的乐趣。

培养合群意识，别让孩子成为"边缘人"

孩子是否善于同别人打交道，在人群中人缘如何，对他以后的学习和人生的发展有着很大的影响。

有研究分析表明，从小善于与人交往的孩子，不仅容易与人相处得比较融洽，而且可以从其他人那里学到一些更广阔的知识。如果孩子过于封闭自己、不爱与人交往、在同学中的人缘不好，都会影响孩子的交往能力，使孩子无法适应复杂多变的社会，更有甚者，会让孩子形成孤僻、抑郁、偏执等心理障碍。

魏巍是个安静的男孩子，每天上学放学都按时回家，学习也从来不用父母操心。上初中以后，魏巍基本上还算比较懂事听话。但魏巍妈妈却发现孩子整天待在家里，周末也基本上待在家里，从来都不出去玩，也没见他带同学回家。有一次，妈妈在下班的路上碰到了魏巍的老师，老师对魏巍妈妈说，魏巍在学校里不太与同学交往，在同学中人缘也不好，同学也不太愿意与他一起玩。妈妈才明白魏巍整天都待在家里的原因。

人是具有社会性的，人们生活的方方面面都离不开与他人的联系，心理的健康发展同样离不开群体的影响。特别是孩子，他们只有在群体中才能感受到快乐：因为当孩子融入群体之中的时候，他不但能得到心理上的满足和平衡，他的困惑和痛苦通过与人交流也会得到化解。因此说，孩子只有融入群体，他才能自觉地调整自己的行为去适应社会的需要，才有更多的机会去享受生活的快乐……可是，不幸的是，许多孩子由于生活的限制和学习的压力，失去了与同龄人交往的机会，合群的需要无法得到满足，久而久之造成心理上的孤独与寂寞，产生许多心理问题。

不合群的孩子往往性格内向、孤僻、多疑、冷漠，在人格的发展上存在着一定的障碍，对心理健康的影响很大。

因为缺乏与同龄人的交流和沟通，不合群的孩子常常有着更多的困惑和迷茫，容易形成对社会和自己的不合理看法，产生自负或自卑心理，或者患得患失，情绪的波动比较大，心理承受力差，甚至走向极端。

曾有一个读初中的孩子，从小在母亲的过度呵护下成长：一个人出门怕出事，跟别的孩子玩耍怕被欺负，班级活动怕影响学习。在母亲的精心安排下，他犹如生活在"一尘不染"的真空里。可是，进入青春期以后，他的苦恼逐渐增多，学习渐感吃力，又总是形只影单，心灵的孤独使他常常自卑自叹。一次，因为考试不理想被母亲说了句"你越来越没用了"，于是他觉得自己"活着没什么意思""是个多余的人"，结果吞下大半瓶安眠药自杀，幸亏发现及时，才保住他的生命。

不合群的孩子在人际关系上也会出现明显的障碍。由于缺乏正常的人际交往，他们往往不懂得理解和尊重别人，不知道宽容和谦让，有的甚至不会应酬平常的人际往来，不仅给自己带来许多麻烦，还会造成社会适应困难。

因此，父母一定要注意培养孩子的合群意识。所谓合群，不仅仅是指和众多的人在一起，更重要的是能适应群体，把自己有机地和群体结合起来，被群体中的人认可和欢迎，在群体中得到快乐。合群更多地表现为孩子的一种主动的行为。当孩子融入群体之中的时候，他

才会有集体荣誉感，才知道什么是团结协作，才真正明白竞争的意义，才更懂得生命的价值。

父母要经常与孩子为伴，培养孩子的交际能力，不仅能扩大孩子的社交活动范围和交际内容，影响孩子的社交兴趣和需要，还有助于孩子积累社交经验和社交技能。要培养孩子合群，父母首先要以身作则，为孩子创造一个良好的家庭环境。比如，全家人的和睦相处，不能以孩子为中心，不事事从孩子的角度出发，不让孩子凌驾于父母长辈之上。同时，父母也要尊重孩子，切忌随意打骂、训斥，要让孩子在平等和睦的家庭气氛中形成合群的性格。

别用"外面坏人多"吓坏你的孩子

父母们应该清楚地意识到，随着孩子的成长，他与外界的接触会越来越多，孩子是社会中的人，只有在适应社会的过程中，才能获得社会的价值观念、行为规范和知识技能，从而不断成熟。

小查和爸爸妈妈在客厅里看电视，荧屏上正在播放一条新闻，是关于"拐卖妇女"专题的法制报道。妈妈看过这条报道后，再三对小查嘱咐："现在外面坏人这么多，你一定要小心，千万不要在外面逗留太久，知道吗？放学就立刻回家！"

小查觉得妈妈言过其实了，不过，看到妈妈紧张的模样，就随口回了一句："知道了，你放心。"

过了几天，小查妈妈又和女儿说了一件事情："今天我在报纸上面，又看到了一条报道，说是现在一些犯罪团伙专门对你这样的女孩下手，你以后出门可得当心，外面真的有很多坏人！你知道妈妈整天有多担心吗？"

小查听了妈妈这番话，开始有点害怕起来了，每次回家的路上，凡是看起来行色可疑的人，小查就担心是拐卖儿童的人贩子。遇到这种情况时，小查会惊恐地一口气跑回家里，生怕后面真的会有犯罪分子在追自己。

就这样，小查每天除了上学放学，几乎足不出户。女孩心想，这样待在家里，应该就不会有坏人了吧！

故事里面的妈妈出于爱孩子，害怕孩子吃亏，被人欺负，于是几乎是以吓唬的口吻嘱咐孩子"外面坏人很多"，还列举了很多例子。这种教育方式是值得商榷的。胆大的孩子也许对此不以为然，可是这类的话语说多了，再胆大的孩子也会害怕的，而那些胆小的孩子也越发地胆小了。

要是像小查那样认为"只有待在家里就不会遇到坏人"了，整天待在房间里，又怎么有机会去接触这个社会呢？

父母不应该因为社会太复杂，就把孩子收在自己的"羽翼"下面，如果养成习惯，孩子就会对社会产生惧怕心理，对父母产生过分的依赖心理，从而无力承受外界的压力。

为此，父母应该鼓励孩子走出去，大胆与别人交往，接触社会，在解决遇到问题的过程中，不断总结经验来使自己从幼稚走向成熟。

不要给孩子灌输一些这样的思想："外面坏人多""外面都是犯罪分子，尽量待在家里"。孩子的成长就是适应环境的过程，让他们自己去解

决问题，不要为了保护孩子不受伤害就阻止他们交朋友、接触社会。每个人都是在失败和挫折中慢慢长大的，其实，让孩子了解一个真实的社会，了解其中的美、丑、善、恶对他们的健康成长是有利而无害的。

此外，在生活中，父母还应该鼓励孩子多交朋友并且接纳他们的朋友。这样才不会让孩子永远封闭在自己的狭小世界里面，要让孩子自己独自去体验这个社会的冷暖，勇敢地适应这个社会。

父母说常向孩子讲述一些社会上的好人好事，让他们明白世上还是好人多，要让孩子爱自己、爱身边的每一个人。

控制嫉妒心，化解孩子内心的不平衡

嫉妒是人类精神发育中自然出现的阶段，嫉妒心理可谓"人之常情"，孩子也不例外。

引起幼儿嫉妒的原因很多，比他漂亮的小孩，比他好的玩具、食物，家长、老师对其他孩子的态度等等，都能引起某些孩子的嫉妒心理。孩子由于心理控制能力差，嫉妒产生以后，往往容易把情绪指向别人，或想方设法攻击对方，以维护自己的"尊严"。

李梦是陈子琪的好朋友，比陈子琪大一岁，两个女孩经常一起玩。陈子琪的妈妈也非常喜欢李梦，觉得她是个聪明又懂事的好孩子。有一次，陈子琪的妈妈把新买来的一大盒橡皮泥拿出来给两个孩子玩，让她们比赛看谁捏得好。

俩孩子玩得很开心，没过多久，陈子琪就跑到客厅，手上拿着自己捏好的橡皮泥模型对妈妈说："妈妈，这个恐龙是我捏的。"妈妈看了看，不是很像，可是为了鼓励孩子，妈妈就对陈子琪说："继续加油！"。

过了没多久，李梦的手中也拿着一个捏好的橡皮泥，因为李梦比陈子琪大一岁，李梦的理解、动手能力比陈子琪强些，捏的恐龙更形象。于是，妈妈就夸李梦捏得真像，小家伙开心得又蹦又跳。没过多久，妈妈就听到了李梦的哭泣声。妈妈跑出去一看，见到李梦正伤心地坐在地上哭泣。

原来，是因为妈妈对李梦的夸赞让两个孩子起了争执。李梦在得到陈子琪妈妈的称赞后，走到陈子琪的面前得意地说："你妈妈说我捏得真像！"可就是这句话惹恼了陈子琪，小家伙冲上前抢过李梦的橡皮泥捏得乱七八糟、扔在了地上，李梦急得哭了起来。陈子琪的妈妈这才意识到：女儿的行为是由于嫉妒心。

嫉妒心理人人都有，它是一种普遍的存在，孩子存在嫉妒心理是一种正常现象，但家长却不能完全忽视。因为嫉妒心理一旦失控，它带来的后果往往是恶性竞争，攻击和对立。过度的嫉妒心理对孩子的人际交往具有恶劣影响，会妨碍孩子的进步。对于嫉妒心强的孩子，父母一定要做好心理疏导工作。

(1) 让孩子了解嫉妒心理的危害

家长有义务让孩子意识到嫉妒的危害性：①对自己而言，嫉妒是一种自我折磨，会在痛苦中煎熬，直接影响人的身心健康。而且心怀嫉妒的人的人际关系不好，因为他们常常会对被嫉妒的人冷言冷语，在背后说他们的坏话，故意挑刺儿，设法让对方难堪等。②对别人而

言，被嫉妒者反而更勇敢、优秀，当你对被嫉妒者施加伤害的时候，对方的斗志就会更强，对方的进步更大，而嫉妒者只有无尽的自我折磨。③嫉妒是丑陋的，它不仅会破坏友谊，而且会将自己置于被嘲笑和孤立之下。

(2) 教育孩子在竞争中学会宽容

大部分竞争失败的孩子会在竞争的过程中流露出不高兴的情绪，对对手充满敌意，可见这些孩子还无法通过正确、积极的心态面对竞争，这就需要家长在培养孩子竞争意识的同时培养孩子拥有好的竞争心态，同时告诉孩子，竞争的过程中宽容对待他人，让他明白竞争的真正意义。

(3) 教孩子在竞争的过程中合作双赢

当今社会的竞争讲究的不是置一方于死地，而是合作共赢。对孩子而言也是如此，只有竞争没有合作，人只能变得孤立，人际关系也会变得紧张，对自己以后的成长不利。你可以告诉孩子："如果你可以和小伟合作，取长补短就好了，你们俩都一定会变得更棒！""我知道强强在投篮方面比你优秀，但是你在攻防方面比他强很多，如果你们两个联手打一场比赛，胜算一定很大。"

教会逆来顺受的孩子合理去拒绝

大部分父母都希望自己的孩子愿意与人分享，慷慨大方，可孩子是独立的个体，不可能将每样自己所拥有的东西都与人分享，尤其是自己心爱的东西。实际上，孩子也应当有拒绝的权利，有时候也会遭到他人拒绝，父母应当教会孩子怎么拒绝别人的要求，如何坦然接受他人的拒绝。

曹勋从小就非常"讲义气"，凡事都"好面子"。刚读初二的他每个月都要靠借生活费来解决寄宿生活的种种难处。难道是爸爸妈妈给他的生活费太少了吗？不是！虽然曹勋家里并不富裕，可是爸爸妈妈会尽力多给他一些生活费，让他在学校可以认真学习，不必因为生活问题而为难。

那是为什么呢？看看这件事。

有一次，曹勋和几个同学一起去野游，回来时已经是晚上8点多了，几个人都饿瘪了肚皮，想着去下馆子，曹勋本不想去，他知道自己一去就要做"冤大头"，可扛不住几个同学一再撺掇，还是硬着头皮去了。学校附近就有一家不错的餐馆，几个人进去之后，大鱼大肉地点了一桌，开始大吃大喝。虽然很饿，可是从进餐馆到现在，曹勋一直没有好好吃饭，心里总是想着结账的事情，这一顿下来怎么也得300元左右，自己一个星期的生活费才200元。

吃完饭后，那几个哥们"很大方"地凑了凑，只凑了100多元，之后，所有人的目光都集中在了曹勋身上，他没办法，一咬牙掏出仅剩的100多元生活费，心想：回头再跟其他同学借点，大不了吃一星期泡面，总之，面子不能丢。

大方虽好，但凡事都应该有个度，如果无底线的大方，就会给自己带来巨大的困扰和困难，因此，教孩子适当学会拒绝别人是非常必要的。

（1）教孩子坦然接受他人的拒绝

生活中，父母应该给孩子灌输"别人的东西不属于我"的思想，这样孩子就会逐渐明白拒绝别人的重要性。

（2）鼓励孩子独立做事

孩子如果已经具备了独立处理生活琐事的能力，父母就不用再为孩子包揽一切了，只有这样孩子才能在日积月累的亲身体验中积累经验、提升才干，才会对他人的行为进行恰当的接受、拒绝等。

（3）帮孩子学会做心理指令

父母应当帮助、促进孩子下决心开口，比如"我觉得不能答应她的要求""我相信他会理解的"。

（4）让孩子坚持自己的决定

有的孩子不敢拒绝同伴的要求，主要是因为担心别人不和自己玩，害怕自己被孤立，于是，不管别人要什么他都会答应，事后又会后悔。这种情况经常发生在年龄较小的孩子当中。这就需要家长逐渐培养孩子果敢的品质，自己说过的话、做过的事要勇于承担责任，自己已经拒绝同伴就要承担被冷落的后果。

（5）让孩子说出拒绝的理由

父母应当教导孩子，不愿意答应别人的要求时，应当直接向对方陈述拒绝的理由，比如，自己身体状况不好、社会条件限制等。一般来说，出现这些状况对方是可以理解的，而且会因为能够理解你的苦衷而放弃说服你，同时觉得你的拒绝是有道理的。直截了当地拒绝如同一盆冷水泼在头上，让人难堪，没有面子。家长应当教会孩子间接地拒绝他人。首先进行诱导，等到对方进入角色后，话锋一转，制造个"意外"效果，让对方主动放弃过分要求。

（6）教育孩子用商量的语气同别人说话

家长应当教育孩子，拒绝他人时应当有耐心，直至对方同意、认可才行。比如，小伙伴非常喜欢自己的洋娃娃，非要抱回家去玩，如果孩子不想让小伙伴抱走自己的洋娃娃，可以用商量的口气对小伙伴说："这个洋娃娃是我的心爱之物，平时我自己都很少把它拿出去，如果你喜欢，可以在我家里和它玩一会儿，好吗？"这样一来，既巧妙地拒绝了对方，又不至于伤害到对方的自尊心。

（7）教孩子采用转折语气

家长应当嘱咐孩子，不好正面拒绝时，应当采用迂回战术，将话题转移，善于利用语气转折：必须做到温和而坚持，还有就是坚决不答应，可也不至于因此反目。比如，可以先向对方表示出自己的同情，可以对对方进行赞美，之后提出理由进行拒绝。之前对方已经因为你的同情和你走在了较近的距离，因此，你的拒绝会让对方产生"可以理解"的态度，进而接受拒绝。

（8）让孩子学会推迟他人的要求

孩子不想答应他人的要求可以采用"推迟"的方法，如"我想好了以后再告诉你""容我考虑一下"，这些都是委婉地拒绝他人的方法，他人也可以在孩子的推迟中明白其意图，进而避免双方尴尬。

（9）让孩子体验他人的感受

孩子单纯而善良，等到他了解自己的某句话、某个动作让同伴不愉快时，他的心里也会不舒服，父母应当给孩子解释，他的行为让对方的内心产生了怎样的波动。等到自己能够体会到他人的感受时，他就能设身处地的为他人着想了，也就知道怎么做才能让对方开心地接受自己的拒绝了。